U0265175

自然的纪实　　地理的集锦

游览最美中国　　从这里出发

刘兴诗爷爷讲述

ZHONGGUO
DAZIRAN

中国大自然

大中南

刘兴诗 ◎ 著

长江出版传媒 | 长江少年儿童出版社

目录
contents

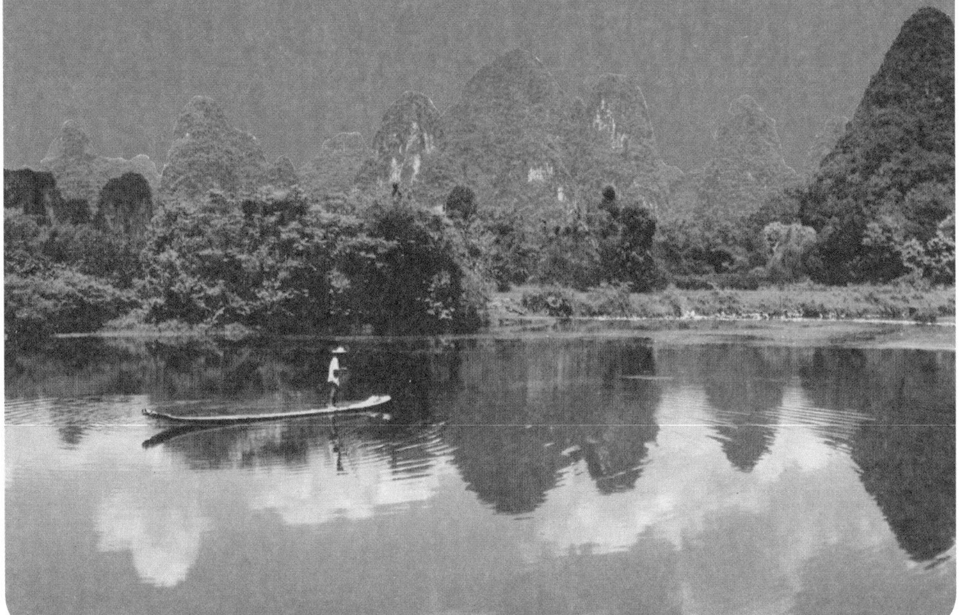

目录

南海西沙群岛石岛晨景。(金继敏/FOTOE)

话说中岳嵩山

古时候，人们都相信神仙。神仙住在哪儿？总不会都住在什么也没有的白云堆里吧？人们就想，神仙也要脚踏实地，在天上住久了，也得到下界来住几天才行。

人间下界到处闹嚷嚷的，爱清静的神仙只有住在高高的山上，才能达到上天、下人间都方便的目的。人们瞧见一座座白云缭绕的高山，便想象神仙就住在那里。

古时候的皇帝都喜欢装神弄鬼，厚着脸皮自称天子，代表天上的上帝来统治人间。不消说，他们就是沟通天上和人间的代表。既然是这样，他们总得随时和神仙见面，才能吓唬老百姓。其实，他们的内心深处也藏着一个惶恐不安的鬼胎，害怕老百姓造反，丢掉自己的江山。他们也想去寻找神仙，求神仙保佑自己安安稳稳坐定龙椅。他们还有一个隐秘的愿望，想求神仙保佑其长生不老，不要眼睁睁瞧着大好江山和金银财宝没法拿走，两脚一蹬就死掉。从秦始皇开始，所有的皇帝都是怕死鬼和自私自利的家伙。别瞧他们一个个人模狗样神气活现的，其实内心空虚得很。

要见神仙，就得老老实实到神仙住的地方去寻找。没法飞上天，就只有上山去找。按理说，神仙应该住在世界上最高的山上才对。可是山那样高，路那样远，四肢不勤的皇帝老倌不是登山运动员，哪能走那样远的路，爬那样高的山？总不能叫他们去攀登珠穆朗玛峰吧？于是皇帝想出了一个投机取巧的懒主意，干脆把交通方便的五座名山封为五岳。其中，洛阳旁边的河南嵩山是中岳。皇帝只要坐上轿子，上了这座山，就能见到想象中的神仙了。如果懒得上山，在山脚的庙里烧一炷香也行。他不用辛辛苦苦爬山找神仙，让神仙下来将就自己吧。这样一来，嵩山的名气一下子就大

河南郑州登封，嵩山峰顶俯瞰。（严向群/FOTOE）

起来了。

嵩山位居五岳之首，地位可高啦！可是它在山的世界里，只不过是一个小弟弟。它的主峰太室山，海拔只有 1492 米。别说比不上"世界屋脊"青藏高原上的许多冰峰，连五岳兄弟中的北岳恒山、西岳华山也比不上。只不过它占了地理优势，靠近皇帝住的京城罢了。

为什么中岳嵩山地位这样尊贵？不消说，这与编造的一套古里古怪的神话有关。可是我们放开眼睛朝四面一望，一下子就看出它的真实来历。说来你不会相信，想不到这个大名鼎鼎的中岳嵩山，竟然是秦岭山脉的一条小尾巴。

横亘东西的秦岭，向东伸展到河南省境内，山势越来越低，分为南、北、中三支，撒开了一个"大金鱼尾巴"。

北支崤山向东北伸展，直到洛阳附近的黄河边，逐渐变成一些黄土覆盖的低矮丘陵，形成了古书上常常说起的北邙山。在北邙山的西边，它的尾巴尖儿插进了黄河，还生成了有名的三门峡呢。

南支伏牛山向东南伸展，直到南阳盆地边缘，是这个"大金鱼尾巴"里山势最高、最长的一支，号称"八百里伏牛山"。

中支熊耳山向东伸展，中岳嵩山就在这里。

噢，想不到被吹嘘得那样神圣的中岳嵩山，竟是秦岭山脉的一个小小的尾巴。

话虽然这样说，坚硬的变质岩构成的嵩山，高高耸立在当地的群山中间，也显得非常威严。中岳，毕竟是五岳之首，总得有一点面子。

嵩山由太室山和少室山组成，东西绵延60多千米，古时候又叫外方、嵩高、崇高等名字。虽然它和别的名山相比不算太高，但是非常完整地连续出露了35亿年以来的太古宙、元古宙、古生代、中生代、新生代五个地质历史时期的地层，地层层序清楚，构造形迹典型，被地质界称为"五代同堂"，是一部完整的地球历史石头书，加上别的地质现象丰富，这里建立了世界地质公园。

嵩山的主要山峰都是古老的石英岩。坚硬无比的石英岩能够抵抗风化剥蚀，形成一道道悬崖绝壁，山势非常陡峻。古人称赞它"嵩高峻极"和"峻极于天"，是有道理的。

知识点

1. 中岳嵩山是五岳之首。
2. 嵩山是秦岭的余脉。
3. 嵩山主峰是坚硬的石英岩，地形十分峻峭。
4. 嵩山的地质剖面非常完整，建立了世界地质公园。

"中流砥柱"的神话

三门峡，为什么叫这个名字？有一个传说。

相传很早以前，有一个白胡子老神仙在西方世界住厌了。那里开门就是山，山下是一片荒漠，一滴水也没有，看着实在腻味。于是他驾着一朵白云，打算到碧波荡漾的东海去过日子。他从三门峡上空飘过，听见下面黄河波涛汹涌，发出如雷轰鸣的声音，一点也不比大海差。这里有山有水，比枯燥单调的西方山国好，也比大海好得多，老神仙决定改变原来的计划，就在这里定居，开始自己的新生活。

他在这里住下来以后，带领人们开辟田地种庄稼，还到处种花种草，把这里变成了一个美丽的大花园。他看来看去，什么都安排好了，只剩下面前的黄河还没有安排好，未免有些美中不足。黄河河水在这里横冲直撞，奔腾咆哮，水势十分凶猛，不知打翻了多少来往船只，留下了多少冤魂。黄河两岸的人们隔河相望，来往很不方便。

老神仙看来看去，要在这里修造一座桥才好。在这样湍急的河流上修桥，普通的木桥、石桥都不行。想要造桥，首先必须建立最坚固的桥墩。他驾云走遍了天下名山大川，寻找建筑桥墩的石料，找来找去，也没有一种石头管用。最后他终于选中了几块巨大的岩石，运用法术搬回三门峡。

知识点

1. 三门峡河心有两个小岛，把河道分隔为三道门。

2. 中流砥柱在三门之下，是一个更加险恶的礁石。

3. 古老的三门峡已经建成了水利枢纽工程，化危害为有利，造福于人间。

黄河三门峡大坝下游的中流砥柱石。（聂鸣/FOTOE）

　　一个风雨交加的夜晚，人们正在睡梦中，天上忽然传来一阵呼啦啦的巨响，惊醒了所有的人。人们打开门一看，不知从哪儿飞来三座神山，轰隆一声落下来，端端正正落在黄河河心。前面两座，后面一座，加上其他几个碎块，把黄河水隔成了几个水道。

　　好心的老神仙搬回这三座神山作为桥墩，正要指挥人们架桥，想不到人间发生了战乱。战火延烧到这里，没法继续修桥了。老神仙满怀惆怅地离开这里，站在高高的云端对人们说："等着吧。等到太平盛世来临的时候，我再来修桥。"

水流湍急的三门峡，有五座怪石嶙峋的小岛，分为前后两组散布在峡谷里。

前面两座岛，并排耸立在水中央。北边是鬼岛，南边是神岛，两座岛把河水分成三股。从北到南形成了人门、神门和鬼门。鬼门水急，神门狭窄，都很难通航。只有人门的水势稍微缓和一些，古时候的来往客船和货船，只能从这里闯过险滩。

后面一个特大的礁石，巍然屹立在河心激流里，好像一根高大的石柱。这就是有名的砥柱山，又叫中流砥柱。船只穿过北岸和鬼岛中间的人门，好不容易九死一生闯出来，到了这里必须拨转船头，笔直朝着它驶去，直到它跟前才转弯驶出险境。所以黄河上的艄公把它叫做"朝我来"，稍微不注意就会船毁人亡。

除了这三个礁岛，还有梳妆台、炼丹炉两块礁石，更加增添了此处水道的复杂性。

贞观十二年（公元 638 年），唐太宗观看了中流砥柱奇观，亲笔书写了"仰临砥柱，北望龙门，茫茫禹迹，浩浩长春"四句铭文，命令魏征刻写在砥柱上。

书法家柳公权也在诗中描绘它："孤峰浮水面，一柱钉波心。顶住三门险，根连九曲深。柱天形突兀，逐浪素浮沉。"于是中流砥柱的名声越来越大了。任凭黄河激流怎么冲击，它也不动摇一丁点。我们经常用的成语"中流砥柱"，就是从这里来的，用来比喻在危难环境中肩负重任的中坚力量和英雄人物。

千百年来，黄河水空自在峡谷里呼叫着、冲撞着，白白浪费了许多能量，有气力也无处使。新中国成立后，才选定了在这里修建一座水利枢纽工程。1957 年开始动工，花了三年多的时间，终于建成了宏伟的三门峡水利枢纽工程。它既能发电，又能防洪，装机容量 25 万千瓦，使三门峡造福于人间，实现了神话故事里那个善良的老人，以及世世代代人们的梦想。

焦裕禄的遗愿

党的好干部、人民的好儿子焦裕禄，离开我们已经有 50 年了。现在想起他，人们还不禁深深怀念。

1962 年寒冷的冬天，正是我国国民经济处于暂时困难的时期，焦裕禄冒着寒风和漫天雪花来到了兰考县，担任县委书记。他的面前摆着的是风沙、内涝、盐碱三大自然灾害，土地贫瘠，严重影响农业生产和群众生活。怎么改变这个情况，同恶劣的自然环境作斗争，是压在他心头的一块沉甸甸的石头。

这里的自然环境到底有多么恶劣？得从黄河泛滥说起。

原来这里是黄泛区，有两条黄河故道横穿过县境。黄河故道里一片黄沙，几乎到处都是光秃秃的流动沙丘。风一起就吹刮得黄沙漫天飞舞，迷障住视线，分不清东西南北，看不见远远近近的景物。更加严重的是风沙掩埋了大片农田，对人们的生命财产造成重大威胁。没有水的黄河故道，简直是凶狠的恶龙。

距离黄河故道远些的地方，情况好些吗？

也不行啊。两条高高隆起的黄河故道之间，散布着一片片洼地，在雨季里，或者河水泛滥的时候，常常积水形成内涝淹没庄稼。由于地势低洼，要想排水也很困难。此外，一些大面积的盐碱地，也是影响农业生产的重大灾害。

为了解决这些问题，焦裕禄拖着病重的身体，走遍受灾的地方，通过走访群众和深入调查研究，总结出一套改造的办法；对干部和群众进行思想教育，激起县委领导班子和人民群众抗灾自救的信心，掀起了挖河排涝、封闭沙丘、根治盐碱的除"三害"斗争高潮。

他的病情越来越严重了。他完全不考虑自己，依旧带领群众展开追洪水、查风口、探流沙的调查研究，终于摸清了情况，制订出治理方案。可惜的是他没来得及亲眼看见最后的胜利，病魔就夺去了他的生命。1964年5月14日，他

河南省兰考县以县委书记的榜样焦裕禄而闻名全国，这是当年他亲手栽种的一棵泡桐树，人们称它为焦桐，雕像为焦裕禄。（栗志海/FOTOE）

的心脏停止了跳动。这一年，他刚刚42岁。他留下的遗言，依旧是治理"沙""涝""碱"三害。

黄泛区就是黄河泛滥的灾区。根据记载，从西汉开始，2000多年以来，黄河下游决口泛滥上千次，黄河大改道26次。黄河在1841年到1938年的短短98年里，就曾经52次决口泛滥成灾。每一次黄河改道或泛滥，都在经过的地方留下大片泥沙，造成无穷的灾难。1855年，黄河在兰考县境内决口，形成一个重要风沙源。

怎么解决"沙""涝""碱"三害问题？除了从全面出发治理好黄河本身，彻底解决黄河中上游水土流失问题，减少向下游输沙，尽可能稳定河道外，针对灾区当地来说，还有一些具体的措施：一是植树造林，改善区域生态环境，进行生物治理；二是进行针对性的工程治理。焦裕禄摸索出的翻淤压沙、引水排涝除碱等办法就十分正确。

焦裕禄感动了兰考大地，也感动了全国。不仅在那个困难时期需要焦裕禄，现在也需要艰苦奋斗的焦裕禄精神。孩子们，你们说对吗？

"赤壁惊涛"何处寻

"大江东去，浪淘尽，千古风流人物。故垒西边，人道是，三国周郎赤壁……"

这首词多么熟悉。这是苏东坡在湖北黄冈赤壁矶写的《念奴娇·赤壁怀古》呀！每一句都如实描绘了当地的景色，俯仰古今似水消逝的历史，抒发出自己的深沉感慨。它在古往今来万千诗词作品中，也好像大浪淘沙似的，被淘洗出来成为千古绝唱。谁不知晓，谁不深深喜爱？

这首词好在景色真，感情真，心胸广阔，视野深邃。为了更好地体会苏东坡的心境，感受诗词的意境，一些读得入迷的读者不远千里，专门来到他当年挥笔写这首词的赤壁矶。人们面对着眼前的景色，一一对照仔细阅读这首词，边看边称赞，对苏东坡老夫子佩服得五体投地。

想不到有一个细心的读者接着往下读，似乎觉得有些不对劲了。

下面几句是什么？熟悉这首词的人都能倒背如流。那就是对赤壁矶下江边汹涌波涛的描绘："乱石穿空，惊涛拍岸，卷起千堆雪。"

想不到的是现在这里离长江很远。别说没有诗词中怒涛拍打江岸的风光，连江水也没有。

这是怎么一回事？是爱开玩笑的苏东坡骗人吗？

不，苏东坡老夫子说话做事都很认真，怎么会骗人呢？

顺着赤壁矶下的崖壁认真检查，发现苏东坡曾经休息的睡仙亭的崖壁上有许多船篙撑凿的痕迹。这就是古代船只曾经紧贴着崖壁航行，遗留下来的铁证。既然崖下曾经行船，当然就会有浪涛拍打崖壁的风光了。

发现了这个证据，就可以给苏东坡洗冤了。老夫子是认真的，绝对没有骗人。

湖北省黄冈市东坡赤壁风景区。（郑立山/FOTOE）

　　解开了一个谜，紧接着又冒出来另一个谜。

　　从前这里紧紧挨着江边，为什么现在离江面这么远？请问，这又应该怎么解释？

　　再仔细考察赤壁矶下的地貌情况，发现眼前的这片平地和一般的河滩不一样。

　　看吧，这片平地上有一串串小湖和小池塘，紧靠着山根还有一条干枯的古河床。这是怎么一回事？

　　地质学家说，这是一个巨大的古江心洲。那些小小的湖沼就是一条条河汊的遗迹。

　　情况弄清楚了，原来是一个江心洲逐渐向下游移动，最后连接着赤壁矶下的江岸，使当年苏东坡登临赋诗的地方远离大江，形成了今天的景色。

　　这是真的吗？

答案是肯定的，不用请教名人高士，在苏东坡的诗词里就可以找到答案。

他在黄冈赤壁写的一首词中写道："霜降水痕收，浅碧鳞鳞露远洲。"请注意"霜降""露"和"远洲"几个词，表明早在当时的晚秋"霜降"节气，江水退落的枯水期，水面就曾经"露"出过"远远"的沙"洲"了。

他写《念奴娇·赤壁怀古》的时间，应该和在这里写《前赤壁赋》是相同的季节。后者开始就说"壬戌之秋，七月既望"，点明了时间，是在农历七月的洪水季节。当时江水滔滔，可以"纵一苇之所如，凌万顷之茫然"，也可以生成"乱石穿空，惊涛拍岸，卷起千堆雪"的景象。

最后，还有一个需要解答的谜。苏东坡曾经瞧见过的那个远远的沙洲，怎么会移动到这里，挡住了赤壁矶的崖壁？

这是一个特征显著的地貌学问题。位于江心的沙洲，头部常常受到江水冲刷，水流把泥沙带到尾部堆积，就渐渐向下游移动了。它移动到赤壁矶附近，和江岸连接在一起，很容易固定下来，成为江岸的一部分。固定了的古江心洲挡住了赤壁矶，不再受江水冲击，也就不能再见到苏东坡当年见过的景色了。

读古代诗词，也会遇着一些自然科学的问题。在古典文学研究中，认真使用多学科方法，就能揭开许多疑谜。倘若像死读书的腐儒那样摇头晃脑，仅仅从表面的文字去开展什么"学术研究"，面对苏东坡这首词，准会钻进死胡同。

知识点

1. 河流地形很容易改变。所谓"江山易改"，就是这个道理。
2. 湖北黄州赤壁矶曾经紧紧挨着江边，现在已经远离大江了。
3. 赤壁矶下的平地是一个巨大的古江心洲。
4. 江心洲上常常有一条条河汊痕迹，可以生成一串串湖沼。
5. 江心洲头部被冲刷，泥沙在尾部堆积，就会向下游移动。

真真假假的赤壁

几个《三国演义》迷在一起，津津有味地讨论赤壁之战。赤壁之战实在太精彩了，可惜不知道赤壁究竟在什么地方。

一个人说："这还不明白么？苏东坡说得清清楚楚，这一场大战发生在湖北东部的黄州赤壁矶。"

这样说，有证据吗？

当然有呀！

这人引经据典搬出苏东坡写的一首词，里面有这样一段话："故垒西边，人道是，三国周郎赤壁。"

他还解释说："瞧吧，这段话里说，这里有一处'故垒'，就是从前留下来驻兵的堡垒，的确是兵家要地。"

他又提醒大家说："请注意'人道是'几个字，证明'三国周郎赤壁'不是苏东坡自己瞎胡编造的，而是有人说的。这个人的话，连学问渊博的苏东坡都相信，肯定来历不凡，准是更有学问的古人，难道还会有假？"

听这人说完，有人摇摇头，提出疑问："苏东坡是听来的，好像马路消息一样不可靠。得有真凭实据才能说服人。"

"是呀，"有人接着说，"苏东坡到底是听谁说的，有没有实实在在的证据？"

先前发言的那个人还没来得及说话，立刻有人站起来，替他补充说："苏东坡没准是从杜牧那儿得到启发的，而且有诗为证。"

为了说明自己的观点，他随口就背诵了杜牧的一首《赤壁》："折戟沉沙铁未销，自将磨洗认前朝。东风不与周郎便，铜雀春深锁二乔。"

他念完这首诗后，提醒大家："请看，杜牧亲自在黄州赤壁矶江边考察过，挖掘出古代生锈的武器。请问，难道这还不是实实在在的证据吗？"

啊，前有唐朝的杜牧，后有宋朝的苏东坡，他们都有满肚皮的学问。有考古文物，也有古代传说，谁还能不相信？

这就完了吗？

噢，不。话还没有完，又有一个人站起来反对说："杜牧和苏东坡都弄错了，赤壁之战发生在湖北南部蒲圻境内的长江南岸。"

他接着说："这里和长江北岸的乌林相对，这才是当年赤壁之战真正的战场。"

为了证明自己的观点，他也举出了许多证据。从历史记载到出土文物，没有一项不和赤壁之战吻合。最后他还加上一句："这里的崖壁也是红通通的，和黄州赤壁矶一模一样。历史学家一致认为，赤壁之战就发生在这里，还会有错吗？"

后面一个意见是对的，那里才是赤壁之战的真实地点。杜牧和苏东坡被黄州赤壁矶的红色岩石迷惑了。其实，在湖北省沿长江的许多地方，出露的岩石都是白垩纪到早第三纪的红色岩层，崖壁都是红通通的，到处都

赤壁摩崖石刻，湖北省赤壁市赤壁之战遗址。（郑立山/FOTOE）

是"赤壁"。

为什么当时的岩层是红色的？这是气候干燥的反映。

真正的赤壁之战，发生在蒲圻境内。后人为了区分真假，就把蒲圻赤壁叫做"武赤壁"，表示这里发生过一场大战；把黄州赤壁叫做"文赤壁"，表示这里是文人诗篇里所说的地方。

松间沙路净无泥

　　高低起伏的山冈，疏疏密密的松林。飘洒不停的黄昏雨，一声声哀怨的杜鹃啼。

　　这是什么风景？这岂不是苏东坡在湖北黄冈附近的蕲水清泉寺描绘的一幅风光吗？

　　那一年是北宋神宗元丰五年（公元 1082 年），苏东坡来到这里，提笔写了一首《浣溪沙·游蕲水清泉寺》。词中这样写道：

　　　　山下兰芽短浸溪，

　　　　松间沙路净无泥，

　　　　萧萧暮雨子规啼。

　　　　谁道人生无再少？

　　　　门前流水尚能西，

　　　　休将白发唱黄鸡。

　　喂，朋友，你可知道，为什么下雨天，这个山冈上没有一丁点泥？为什么山冈下的小溪向西边流？

　　东坡先生在这首词里提出了两个问题。

　　第一个问题，为什么山间的这条路上没有一丁点泥？

　　说得对，平常的山路雨后都非常泥泞，弄不好就会踩一脚稀泥浆。为什么这条路上却没有泥？有些叫人想不通。

　　这个问题很容易回答。这和地面的物质结构有关系。因为黄冈附近最常见的岩石是中生代的砂岩。砂岩和泥岩、页岩不一样。后两者主要是泥

湖北黄冈地区的砂岩地貌风景。（郑立山 /FOTOE）

质成分，风化后生成泥土，雨后当然就是一片稀泥，走路很不方便。砂岩是古代河边的沙粒形成的岩石，风化后只能够生成沙子，怎么会有泥呢？特别是纯净的石英砂岩，风化成为一颗颗坚硬的石英砂，就更加不会有泥了。走在这种路上，保证不会弄得满脚都是泥。

噢，苏东坡在这首词里，无意识地泄露了当地的地质情况，肯定是砂岩山区。这种山地适宜马尾松生长，所以他写出了"松间沙路"的自然环境，不仅表现出岩石性质，还介绍了相关的植被情况。唐代诗人白居易也在同样的情况下，写过"沙路润无泥"的诗句，可以作为对比。

第二个问题，一般河水都向东流，所以李煜写出了"人生长恨水长东"的诗句，为什么这里的流水向西流？有些使人无法理解。

这个问题太好回答了。水流方向受着地势高低的限制，并不都是"一江春水向东流"。

这里一片起伏不平的小山冈，有的地方朝东倾斜，有的地方朝西倾斜。从朝西倾斜的山坡上流下来的小溪当然向西流啰。

两页湖水书写的历史

世界上有一个"千湖国"芬兰。

中国有一个"千湖省"湖北。

翻开湖北省的地图，只见中部江汉平原上到处是星星点点，散布着大大小小的湖泊。几乎没有一个角落没有闪烁着美丽的湖光，活像温柔的水女神，睁开一千只亮晶晶的眼睛。这不是"千湖省"，还会是什么？

面对着这一大片湖泊，人们不禁会问，这里到底有多少湖泊？都是怎么生成的？

让我们查一下它的出生卡吧。

湖泊的出生卡藏在它们自己的湖底，就是一层层乌黑和灰色的湖泥。谁想知道它们的历史，只消翻一下这些湖泥的档案，就一清二楚了。

不查不知道，一查吓一跳。

啊，想不到湖底竟埋藏着两个不同地质时期的湖泊档案。

湖泥就是湖泥，怎么会是两个不同地质时期的呢？

因为地质钻孔钻得太深了呀！不仅钻穿了软软的湖泥层，还一直钻进下面坚硬的岩石里，揭露出另一个古老时期的湖泊堆积。

那是恐龙生活的中生代末期，也包括哺乳动物刚刚出现的新生代第三纪，生成了一层层红色岩层。这些红色岩层好像秘密档案，吐露了一个天大的秘密，原来当时的气候非常干燥。这里还有盐湖呢。有盐湖，就有盐和别的矿床，著名的应城石膏矿就是一个例子。

哇，人们做梦也想不到，这一片水汪汪的江汉平原，居然也和干旱的柴达木盆地一样，曾经有过一片白花花的盐滩和咸水湖的风光。

这里的第二页湖泊历史，是两三百万年以前第四纪初期开始的，是一

位于"千湖之省"湖北的江汉平原。(张玉涛/FOTOE)

篇淡水湖的历史。那时候,这里曾经有一个前所未有的大湖,淹没了今天的整个江汉平原。如果它保留到今天,可以算是世界之最,能写进《吉尼斯世界纪录大全》了。

　　新生代第四纪初期,这里的地壳缓缓沉降,形成了一个巨大的凹地,叫做江汉凹陷。凹地里逐渐积水,就生成了一个大湖。直到史前传说时期,这个巨大的湖泊还存在,叫做云梦泽。地质工作者报告,这里至今还在缓慢沉降。如果没有大量泥沙淤积,云梦泽就能保留到今天。

　　可惜呀,实在太可惜! 它的好景不长。浩瀚无边的大湖的寿命很短,这个中国华中地区的"地中海"很快就消失了,分解成满天星斗般的湖群。

现在这里到底有多少湖泊?

要想弄清楚这里湖泊的数目,比数天上的星星还困难。

为什么这样? 因为它们总在不断缩小消失呀。

自古道,红颜多薄命。世界上万千景物中,美丽的湖泊寿命最短促。

为什么这样? 因为有两个无情的杀手,时时刻刻都在威胁它们的生命。

一个是大大小小的河流冲带来的泥沙,扮演了无声杀手的角色,悄悄在湖内淤积,使湖泊不断变浅变小,加上河流改道,影响就更大了。

另一个是无知的人们自己。人们除了破坏森林,导致河流泥沙增加,还没完没了地围湖造田,人为加快结束湖泊的生命。

请看一些统计材料吧。

20 世纪 50 年代,这里百亩以上的湖泊有 1066 个,算得上是"千湖省"。

20 世纪 60 年代末期, 有 1052 个, 还能算是 "千湖省"。

20 世纪 70 年代末期, 一下子变成 636 个, 算不上 "千湖省" 了。

到了 20 世纪 80 年代, 只剩下 326 个了。

瞧,这里的湖泊消失得多快呀! 人们哪, 可得注意呀, 别让这个 "千湖省" 在我们的手里消失。请你高抬贵手,像爱护自己的眼睛一样,爱护湖泊吧。

知识点

1. 江汉平原上曾经有两个时期的湖泊史。

2. 恐龙生活的中生代时期, 江汉平原有盐湖分布。

3. 江汉平原上的淡水湖历史, 开始于新生代第四纪初期。由于地壳沉降, 这里形成一个巨大凹地, 积水成湖。

4. 由于泥沙淤积和围湖造田, 江汉平原上的湖泊正在快速消失。

洪湖水，浪打浪

长夏悠悠的日子里，所有的一切好像都睡着了。

白云睡着了，田野睡着了，洪湖似乎也睡着了。

是呀，在滚烫的夏日太阳下面，还有谁能打起精神不困顿，不耷拉下眼皮，抽空子打一个盹呢？

这时候，天空中连一丝风也没有，湖面纹丝不动，哪还有"洪湖水，浪打浪"的情景？

站在湖边远远一看，湖心一片片荷叶，湖边一片片芦苇，连同袒露的大片大片湖水，都静静地躺卧在火辣辣的太阳下面，看不见一丁点儿动静。

如果你以为这里所有的东西都睡着了，完全没有动静，那就错了。请你划上一只小船，慢慢划进湖心去看吧。

一张张荷叶的绿伞盖下面，藏着一条条鱼，它们轻轻拨拉着尾巴，在荷叶丛中来回穿梭着。时不时还能瞧见一只青蛙，它用力蹬着腿，在阴凉的荷叶伞盖底下游泳。原来成片成片的荷叶底下，还悄悄隐藏着一个生机盎然的天地。

一处处荷花丛中间，还有一只只野鸭，它们用水里的脚掌拨动着湖水，到处钻来钻去，拨弄得荷叶伞盖微微动一下。一会儿，它们又一只接着一只地钻出来，在开阔的水面上一声不响地游荡一阵子，再钻进湖边密密的芦苇丛中，消失了灰棕色的身影。

不消说，由于隔得很远，所有这些动静在远处都没法被发现，所以人们就以为整个洪湖都睡着了。

其实，不用看也知道，眼前这一切只不过是一层迷惑人的假象。

支起耳朵一听，远远近近响起一阵阵蛙鸣，打破了湖上虚假的平静。

湖北洪湖，晚霞中的渔民。（安哥/FOTOE）

即使在骄阳似火的盛夏季节，洪湖也是半闭着一只眼睛，半睁开一只眼睛的。

白昼终于慢慢过去，弥漫在湖上的暑气散尽了。这时候，湖上换了另外一副模样。成群结队的野鸭飞回来了，在空中"嘎嘎，嘎嘎"欢快地鸣叫着，收起翅膀打着旋儿落下来，一直落在水草成片的浅水湖滩上密密匝匝的芦苇林里。不知从哪里钻出来的风，轻轻吹拂着芦叶，发出音乐般的飕飕沙沙的声响。

晚霞映红了洪湖水，在微微荡漾的水波上，尽情铺开一道道闪光的路。水红的荷花，雪白的睡莲，碧绿的荷叶和芦苇，都融进了这幅新的金色黄昏图画。

这时候，洪湖迎着微微的晚风，沐浴着朦胧的霞光，才显示出"洪湖水，浪打浪"的景象。

洪湖面积 348 平方千米，是江汉平原上最大的湖泊。湖上红莲、绿荷成片，湖边芦苇成林，生态环境很好，是鱼虾水鸟的乐园。这里的野鸭特别多，别的水鸟也不少。有人统计，仅仅野鸭就有 18 种。其中以每年冬去春来的候鸟型的青头鸭、黄鸭，以及常留在这里的留鸟型的蒲鸭、黑鸭为主。洪湖是有名的野鸭王国。

洪湖的鱼虾、莲藕、芦苇和其他水产也很丰富。

九曲回肠下荆江

懒洋洋的江水，慢吞吞淌流。懒洋洋的白云，躺在天上一动不动。

懒洋洋的船儿，顺着懒洋洋的江水，慢吞吞往下漂，好像在梦游，好像睡着了。

抬头看，天很高很高，低头看，地很平很平，一派天高地阔的图景。懒洋洋的江水就在这样的天地间慢慢淌流着，绕过一个又一个河湾，绕来绕去，似乎总也绕不完。

低头看，懒洋洋的江水非常平缓，没有哗哗的水声，连浪花也不冒一个，完全没有山间河流那样的脾气，变得懒懒散散，叫人瞧着好着急。

往前看，前面不知还有多远，还得花费多少时间。往后看，已经不知走了多远，耗费了多少时间。性急的人在这里不管用。你急，河水可不急，它依旧慢吞吞地和你磨时间。

噢，这里一切都是慢吞吞的，好像时间完全停了摆似的。

咿呀，咿呀，小船儿咿咿呀呀，慢吞吞往前划。划呀，划呀，小船儿总也划不到尽头。

为什么小船儿漂得这样慢?

因为河水慢吞吞的呀。

因为河身弯弯曲曲的呀。前面一张张白帆，像蝴蝶翅膀似的在平原绿地上慢慢移动，船帆映着阳光一闪一闪，活像一群雪白的粉蝶，在田野里绕着圈子你追我赶。

咦，这可奇怪了，一张张船帆

知识点

1. 冲积平原上常常可以形成弯曲的自由曲流。

2. 自由曲流是由于两岸松散的泥沙容易冲刷，河身自由来回摆动形成的。

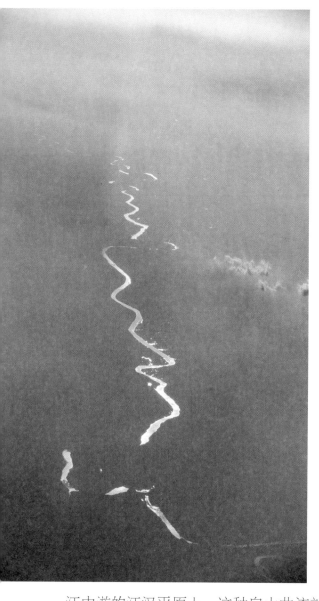

航拍下的荆江。荆江，长江自枝江至岳阳城陵矶段的别称。下荆江河道蜿蜒曲折，有"九曲回肠"之称。（石宝琇/CTPphoto/FOTOE）

怎么会在田野里移动，莫非是陆地行船？

不，这不是陆地行船。因为河身弯弯曲曲，前面那些帆船都在弯曲的河道里慢慢盘旋呀。

这里的河身弯曲得太厉害了，一个大弯接着一个大弯，在平坦无涯的地面上弯来绕去，好像一条弯弯的水蛇。最奇怪的是一个河湾弯转过来，想不到又回到了距离原地不远的地方。这是怎么一回事？因为上下两个河湾弯曲得几乎快要挨着了。性急的人干脆跳上岸，躺在岸上呼噜呼噜睡一觉，自己的船儿才能顺着河湾慢慢漂流过来。

这种在平原上弯弯曲曲的河流叫做自由曲流。由于它很像弯曲的蛇身，所以又叫蛇曲。在长江中游的江汉平原上，这种自由曲流就很容易形成。其中从藕池口到岳阳城陵矶之间的下荆江，直线距离仅仅80千米左右，河道实际长度却有270多千米，河身弯曲得太厉害了，从来就有"九曲回肠"的称呼。

这种弯曲的自由曲流是怎么生成的？因为平坦的冲积平原没有山地约束，两岸都是松散的泥沙，很容易被冲刷。河流自由自在地摆来摆去，就生成了一个个弯曲的河湾。

牛轭湖演变史

它是湖，还是河？

说它是湖，身子长长的、弯弯的，活像一段没头没尾的河床；说它是河，水却不流动，上下没有出口，不是湖泊是什么？

其实，说它是湖是河都没有太大的错。尽管它现在是湖，从前却是一条河流。它的外形弯弯的，好像套在牛脖子上面，用来拉车的一根弯弯的木头。这种木头叫做牛轭，它就叫牛轭湖。

长江流过的江汉平原上，散布着许多弯弯的牛轭湖，它们是长江改道的证据。

请看一个例子吧。1972 年 7 月 19 日，长江在湖北省石首市六合垸附近，冲开了北岸一个曲流颈。河道裁弯取直后，江水迅速分流。一个月以后，新河床已经加宽到 1000 米左右，成为了主航道。原来的弯曲河床水流越来越少，进口和出口的地方逐渐淤塞，很快就和长江失去联系，成为一个弯弯的牛轭湖。因为它很像弯弯的月牙儿，当地人给它取了一个非常形象的名字，叫做月亮湖。

江汉平原上，像这样的牛轭湖可多了，一下子数也数不清。一个个牛轭湖，向人们叙述了一个个弯曲河流裁弯取直的往事，也成为地质学家研究河流摆动的重要

知识点

1. 弯道水流容易发生侧蚀作用，使河流凹岸不断后退，逐渐演变为曲流。

2. 自由曲流的曲流颈被冲开后，河流沿着新河道流动，原来的弯道逐渐被废弃，成了牛轭湖。

3. 牛轭湖的寿命不长，很容易发展成为沼泽，最后完全淤塞消失。

4. 牛轭湖内常常有泥炭埋藏。

蜿蜒的河道周围布满了无数的牛轭湖。本图拍摄于2003年5月28日，由"陆地卫星七号"所拍摄。（CFP供稿）

证据。

牛轭湖是自由曲流裁弯取直后的产物。

为什么河流会裁弯取直？这和弯道水流的侧向侵蚀有关系。在河身转弯的地方，河水依旧保持惯性往前流去，就会笔直冲向凹岸。这样就产生了侧蚀活动，河水逐渐冲刷凹岸，使它不断后退，河流的弯曲度也不断增加。流动在冲积平原上的河流，由于两岸物质松散，这种现象最容易发生，渐渐就生成了自由曲流。

随着侧蚀作用不断进行，自由曲流的弯曲度越来越大，逐渐形成了一个绳套式的河湾，中间只留下一丁点儿陆地，叫做曲流颈。曲流颈两边都是河流凹岸，都在不断进行侧蚀作用。在强烈的侧蚀作用下，曲流颈被冲刷得越来越细，最后终于被冲开决口了。

滔滔河水顺着新开辟的河道往前流，不再沿着原来的弯道慢慢流动。原来的弯道逐渐被废弃，渐渐成了牛轭湖。

牛轭湖能够长期保存下去吗？

不能，因为它失去了水源，会被淤塞得越来越浅，逐渐演变成沼泽，成为水草丛生的地方。最后沼泽也被淤平了，在大地上完全消失，只留下泥沙掩埋的弯弯的泥炭矿体，作为曾经演出过一幕幕地形变迁的证据。

呼唤白鱀豚

喂，白鱀豚，你听见了吗？我们在呼唤你。

喂，白鱀豚，你在哪儿，为什么我们走遍长江，几乎再也瞧不见你可爱的身影？

啊，可爱的白鱀豚，你的模样多么逗人喜爱，冲波破浪多么欢腾。

啊，可爱的白鱀豚，你总是那样活泼、那样天真，不知道世间的诡谲和艰辛，好像欢乐的化身。

啊，可爱的白鱀豚，你总是那样纯洁、那样真诚。如果人们都像你一样，这个世界就会变得更加和谐，充满了爱和温馨。

啊，可爱的白鱀豚，你总是那样出没不定，好像神龙不见首尾，难怪人们说你是神秘的江神。

白鱀豚哪，白鱀豚，想当年，你从东海之滨，直入万里长江。你曾经在小姑山前嬉戏，在九曲荆江的阳光里沐浴。你曾经深入幽深三峡，叩问神女峰下的摩天石壁，来去自由，无忧无虑。谁知道你一声不响，一下子就消失了踪影。

白鱀豚哪，白鱀豚，我们走遍长江，到处寻找，到处呼唤，再也不见你的踪迹，多么悲伤，多么惋惜，多么使人痛心。但愿还有一只、两只、一群、两群，躲藏在深深的水波里没有露面，还能够重新现形。

回来吧，白鱀豚，请原谅

知识点

1. 白鱀豚是淡水鲸类，被誉为"水上大熊猫"。

2. 白鱀豚需要呼吸空气。

3. 白鱀豚捕捉鱼类。

4. 白鱀豚主要栖息在长江中下游河道里，是我国特有的水生动物，属于国家一级保护动物。

2001年夏天，饲养人员为白鱀豚"淇淇"喂中草药解暑。（大江/FOTOE）

我们。由于我们的鲁莽和无知，破坏了你的生活环境，伤害了你的心。你啊你，一定得原谅我们。千万年生活在长江的白鱀豚，不能在我们的手里就这样一下子抹掉。别说什么少了白鱀豚也不要紧，那样我们将怎么面对祖宗，面对后人？

人们哪，可要牢牢记住，山无林无兽无鸟，水无白鱀豚一样的生命，那样我们还能算是什么万物之灵？没有白鱀豚一样的生命，也就没有我们

人类。这个广阔的星球，不能只有冷冰冰的水泥块建筑和孤单单的人类。

白鱀豚是一种罕见的水生哺乳动物，属于淡水豚科的小型鲸。它的个头很大，大的足足有2米多长，200多千克重。它的身体呈纺锤形，游泳本领很高明。它们常常成双成对，或者好几只一起活动，一上一下出没在水波里。它们一会儿沉下去，一会儿又浮起来呼吸空气。

白鱀豚的吻部伸得长长的，嘴巴里有上百颗牙齿，依靠捉鱼过日子，是长江里的水上猎人。它和大海里的兄弟海豚一样，能够使用声呐定位，动作非常灵活敏捷。

白鱀豚自古以来就生活在长江中下游的河道里，少数有可能逆水而上，进入三峡河段，是我国特有的珍贵动物。它和大熊猫一样，都是国家一级保护动物。人们伤害了大熊猫要负法律责任，伤害了白鱀豚，也应该负同样的责任。

由于环境变化，长江里的白鱀豚越来越少了，引起人们的关心。根据国家农业部连续三年对白鱀豚的大规模的监测，头一年发现白鱀豚13只，后面两年里，每年只找到4只。后来再寻找，想不到一只也找不到了。

1980年在洞庭湖口附近的长江边，人们捕获了一只白鱀豚。它被送到武汉的中国科学院水生生物研究所饲养，取名为淇淇。2002年7月14日，白鱀豚淇淇也永远离开了我们。

白鱀豚真的绝迹了吗？

挂在崖壁上的"牛肝马肺"

在三峡大坝还没有蓄水，水位还没有抬高的时候，有考察者在西陵峡里看见过两个奇观。

其中一个是牛肝马肺峡。只见临江的崖壁上悬挂着两串奇怪的淡紫色石头，活像动物的肝和肺，难怪这个峡谷叫做这个名字。当地有一首民谣唱道："千年阴雨淋未朽，万载烈日晒不干……老鹰盘旋空展翅，欲待充饥下嘴难。"它生动地描绘了牛肝马肺峡的形态，引得老鹰也凌空展翅，想把这两串"肝肺"一口吞进肚皮。

其实，这两块形象逼真的钟乳石，古时候就已被人们注意了。南宋诗人陆游在《入蜀记》中写道："过东澨滩，入马肝峡。石壁高绝处，有石下垂如肝，故以名峡。"只不过当时叫做"马肝"，不叫"牛肝"而已。

啊，这是怎么一回事？为什么把动物肝肺挂在高高的崖壁上？

考察者猜来猜去，无非几个原因。

一是凶猛的山鹰叼来的。如此陡峭的悬崖，石壁光溜溜的，连猴子也没法攀登。除了山鹰，别的动物谁也甭想爬上去。

二是古代遗留的珍贵文物。瞧着这栩栩如生的形象，准是一位无名的雕塑大师的杰作。如果不是搭起架子爬上去的，就是用绳子绑在腰上，自上而下缒下来进行雕刻作业的。

另一个奇观藏在旁边的兵书宝剑峡里。只见江边的崖壁裂缝中，平放着几块木头，远远看去很像一卷封存得很好的线装古书。人们感到很奇怪，谁会把书放在这样陡峭的崖壁上？书页历经风吹雨打，为什么没有朽坏？相传这是诸葛亮遗留的兵书，其中详细地记述了他平生用兵的方法。他在临终的时候，回头瞧着围绕在身边的将官们，觉得他们都不足以接受这部

长江三峡西陵峡，牛肝马肺峡风光。(许铁铮/FOTOE)

宝书，就派人把它存放在这里，等待后世的能人前来取阅。

"兵书"旁边的江边，有一条细长的岩石半露在水面以上，好像一柄出鞘的宝剑，据说也是诸葛亮留下的。谁有本事取得兵书，就可以拔出这柄利剑，在战斗中所向无敌。兵书宝剑峡就是这样得名的。

可惜由于江水非常湍急，都没法过去看一下。考察者只能隔着江水，老远拍了几张照片。它到底是什么东西？这是一个谜，需要请教高明。

有自认为高明的人看也不看照片就说："我相信诸葛亮。他在这里打过仗，不是他留的兵书和宝剑，还会是谁留的？"

他又说："那个牛肝马肺没准也和他有关系。他制造过木牛流马。准是有的木牛流马不听话，他才把它们杀掉，把肝肺挂在崖壁上。"

有人赞成说："这个说法有道理。诸葛亮挂牛肝马肺，就是杀一儆百，警告别的不老实的木牛流马。"

一位幻想家听了，摇头说："请注意，这些东西大多数已经变成石头了。诸葛亮距离现在也不过1700多年，怎么可能变石头？依我看，所谓的兵书宝剑，可能是外星人藏在这里的宇宙飞行图册和权杖；所谓的'牛肝马肺'，可能是亿万年前外星人吃剩的东西，时间久了，统统变成了化石。"

传说和胡乱猜测都不对,所谓的"牛肝马肺"是悬挂在崖壁上的钟乳石。

说到这里,有人会问,钟乳石生成在溶洞里,怎么会挂在露天的崖壁上? 这就是我们要着重提醒大家的一个问题。

首先应该明白,钟乳石是怎么生成的。

谁都知道,石灰岩被水溶蚀后,就会沉淀出碳酸钙,形成一串串钟乳石,把溶洞装饰得非常美丽。大家也要知道,钟乳石并不是溶洞里面专有的产物,只要有石灰岩的地方,经过水流溶蚀,都能生成同样的钟乳石。这里也是石灰岩地区,仔细观察岩壁,可以看见水流顺着崖壁往下流动的痕迹。正是这些水流从上面滴流下来,溶蚀了石灰岩,才形成了牛肝马肺一样的钟乳石。

其实陆游早就发现了这一点。他在《入蜀记》中描述牛肝马肺的时候,说道:"其傍又有狮子岩。岩中有一小石,蹲踞张颐,碧草被之,正如青狮子。微泉泠泠,自岩中出。"秘密揭破了。原来正是半山上的狮子洞流出一股泉水,流泻在崖壁上,才形成了"牛肝马肺"。

明白了这个道理,就能搞清楚为什么在一些石灰岩地区的瀑布上,也有同样的一串串钟乳石高高悬挂在空中了。猛一看,还会以为它们是古代瀑布水流的特殊化石呢。

至于那个"兵书",只不过是一具悬棺罢了。长江三峡地区是古代巴族活动的地方。他们是勇敢的水上渔夫,死后装进一个船形棺材里,放在高高的悬崖绝壁上,成为特殊的悬棺。所谓的"宝剑",是天然的岩石,只不过外表有些像出鞘的宝剑罢了。我们重点揭破了牛肝马肺之谜,也顺便提一下这个并非大自然所为的秘密。

知识点

1. 钟乳石是水流溶蚀石灰岩生成的。

2. 凡是石灰岩地区,不管是溶洞还是露头崖壁、瀑布等,都可以形成钟乳石。

"走山"的故事

　　龙船河是西陵峡里的一条山溪。一个风雨之夜，溪边一个村子里的人们都睡着了，睡梦中只觉得连床带屋子都摇晃了几下。大家劳累了一天，身体非常疲倦，一个个睡得很沉，当时也没有注意。

　　第二天早上，人们打开门一看，不由得一个个瞪大眼睛惊呆了。想不到整个村子好像坐滑板似的，一下子滑到了对面的山脚下。人们这才大呼小叫起来："哎呀！可了不得，走山啦！"

　　走山是什么？这是当地的土话，就是滑坡的意思。他们做梦也没有想到，大自然老人竟在他们睡着的时候，跟他们开了一个大玩笑。好在这是整体滑坡，没有造成太大的地形变形，也没有造成人员伤亡的不幸事故。

　　滑坡是一种令人头疼的山区自然灾害，带给人们的并非都是无关紧要的玩笑。1985年6月12日，西陵峡新滩发生大滑坡。从江边的广家岩至姜家坡一带，大约有300万立方米的山岩发生滑动，大约有100万立方米破碎的岩块和泥土轰隆隆滚入长江，侵占了大约50米宽的河床。有450多户人家的新滩古镇，转眼间被全部抹掉了，真可怕啊！

　　这一次滑坡发生在凌晨3时50分，也是人们睡得正香的时候。如果大家没有及时醒来，必定会遭受不可想象的惨重损失。

　　感谢湖北省西陵峡岩崩调查处的地质工作者，他们用敏锐的目光和可靠的专业技术，早就发现这

知识点

1. 滑坡是山区常见的地质灾害。
2. 滑坡的结构包括滑动面和滑坡体。
3. 滑坡过程有快有慢。
4. 滑坡体有整体的和破碎的。
5. 滑坡可以预报。

1985 年 10 月，湖北秭归新滩滑坡遗址。（许铁铮 /FOTOE）

里有些不对劲。他们怀着对人民群众认真负责的精神，日夜不停地周密监视，和当地政府配合，及时发出警报，组织群众转移。在这场前所未有的灾害中，新滩镇 1300 多名居民，没有一人死亡，大部分财物也被安全搬迁，创造了不可思议的奇迹。

滑坡是怎么产生的？由于地下有不透水的岩石、黏土和别的物质，形成了一个看不见的倾斜面，叫做滑动面。滑动面上有泥沙或其他透水岩层。水分浸润了泥沙或松散的岩石，山体就会顺着倾斜的滑动面向下滑动。向下滑动的部分叫做滑坡体。

滑坡的过程有的非常缓慢，有的十分迅速。有的滑坡体十分坚硬完整，而且比较小，整体往下滑动，造成的危害还不算太大。有的滑坡体破碎成一大堆碎块，危害性就大了。

我国古代早就认识了这种现象，把它称为"地移"或"走山"。

新滩滑坡的实例证明，滑坡是可以预报的。

三峡深处的黄土窑洞

有考察者在三峡深处发现了黄土窑洞。

说到这里可能有人会问，是不是弄错了？谁都知道只有西北黄土高原才有黄土窑洞。

山清水秀的南方，怎么可能也有同样的窑洞？

这是真的，一点也没有弄错。这里是西陵峡里的秭归县城对岸，当地人叫做楚王台的地方。

楚王台，听着这个名字，就会想起春秋战国时期的南方楚国，两者是不是有关系？

是的，大约在公元前 11 世纪的周成王时期，南方荆蛮的首领熊绎受到西周王朝的册封，就在这里建立了自己的都城。当时这里叫做丹阳，只不过是三峡里一个小小诸侯国，历史上称为西楚。别小看了这个小小的地方，后来强大的楚国就是从这里走出去，一步步发展起来，成为"战国七雄"的。

当时西楚建都的地方，是西陵峡里的一个高台地。为了纪念楚国发祥的这个地方，后来人们把它叫做楚王台。

考察者为了考察楚国历史，来到了这个偏僻的角落。他走进楚王台遗址，眼球一下子就被另外一个毫不相干的景象吸引住了。只见楚王台背后的山坡上，分布着一片厚厚的黄色土层。

这是什么土层？怎么这么眼熟？

走过去一看，想不到竟是黄土。灰黄色的土层，里面有许多细微孔隙，还夹藏着大量坚硬的钙质结核，加上直立不倒的特点，和典型的黄土几乎没有一丁点差别。

湖北秭归七里峡口。（颜长江/FOTOE）

　　考察者的老家就在山西省的黄土高原上，从小就在黄土山坡上摸爬滚打，绝对不会看走眼。

　　再一看，考察者更加不相信自己的眼睛了。想不到这里的黄土层里，居然也挖了一排窑洞。虽然没有黄土高原上的窑洞高大宽敞，可毕竟还是窑洞呀。看到这里，考察者还有什么兴趣研究楚王台遗址，心里已经塞满了黄土。他所想的只有一个问题，为什么距离黄土高原这么遥远的长江三峡，也有同样的黄土分布？谁能告诉他，到底是什么原因？

黄土并不是北方专有的，南方也有它的踪迹。

为了说明这个问题，需要弄清楚黄土生成的原因。黄土是风吹送过来的。它的来源地除了沙漠地带，还有古冰川边缘，两个地方都能够被风卷起尘土，吹送到远方堆积形成黄土。来源于沙漠边缘的黄土叫做暖型黄土，来源于冰川边缘的黄土叫做冷型黄土。虽然在世界范围内暖型黄土占绝大部分，但是冷型黄土也有零零星星分布。

写这本书的老头在巫山发现了厚厚的黄土，将其取名为巫山黄土；接着在秭归又发现了更多的黄土堆积。

楚王台黄土窑洞也是这个时候发现的。长江三峡距离西部沙漠很远，中间有层层叠叠的山岭阻隔，很难想象这是暖型黄土，很可能是局部分布的冷型黄土。

它的存在，证明第四纪冰期里，长江三峡附近可能有古冰川活动。它的具体时期是第四纪晚更新世，距离现在已有好几万年。

知识点

1. 黄土不仅散布在北方广大地区，在长江三峡也有分布。

2. 黄土是风力搬运的尘土堆积。

3. 来源于沙漠边缘的黄土叫做暖型黄土，来源于冰川边缘的黄土叫做冷型黄土。

形形色色的滩险

蜀道难，难于上青天。

不仅挨靠着悬崖绝壁，踏着凌空的栈道，翻山越岭很困难，即使水上行船，进出这个封闭的盆地也非常困难。

被周围大山紧紧包围的四川盆地，只有东边一个缺口，长江滚滚浪涛穿过三峡流出去，岂不也是一条大道吗？为什么说水上交通也像上天一样困难？

是啊，长江三峡里有许多险恶的礁滩。从前礁滩没有整治的时候，木帆船航行非常危险。三峡大坝没有蓄水以前，水位没有抬高，一些地方也很危险。从前长江三峡水道和高山峻岭里的栈道一样，也是一条令人心惊胆战的畏途。

长江三峡里的滩险数不清，其中最大的有三个，都集中分布在西陵峡里。它们的生成原因和"捣乱"的时间都不同。

第一个是新滩，又叫青滩，是枯水季节第一大险滩。

这里江心礁石密布，从前每逢冬春枯水季节，水落石出，一块块礁石便显露出狰狞的面孔。大的礁石好像一座小房子,乱七八糟散布在河床里。江水从大大小小的礁石缝里流泻出来，好像一道汹涌的瀑布。下行船必须小心翼翼地绕过一块块礁石，稍不留神就会触礁沉没。上行船必须迎着汹涌的波涛，翻过这道水上"门槛"，航行更加困难。

第二个是泄滩，是洪水季节第一大险滩。

泄滩在新滩上游不远的地方，形势和新滩不一样。

北岸有一条湍急的山溪流进长江，出口处生成一个巨大的乱石滩，占据了一大片江面。船从这里经过，只能躲开它，沿着旁边的水道航行。

西陵峡崆岭滩：三峡中有名的洪水险滩，此滩水深流急，礁石密布，后来经过多次炸礁疏浚，已经畅通。（安萱/FOTOE）

　　南岸也很危险，从江边伸出一道号称"过江石龙"的岩坎，好像一把利剑笔直伸进江心。船只一不小心碰着它，可不是好玩的。

　　南北两岸的乱石滩和岩坎，像一把老虎钳似的，把航道约束得非常狭窄。洪水季节江水翻翻滚滚，直朝这个狭窄的缺口涌来，好像一道瀑布似的一泻而下，所以叫做泄滩，是洪水期最危险的地方。

　　第三个是新滩下游的崆岭滩，一年四季都非常危险。

　　千百年来，江上水手流传着一句话："新滩泄滩不是滩，崆岭才是鬼门关。"

　　崆岭滩是另外一种滩险。30多千米长的河床内，布满了犬牙交错的礁石群，崆岭滩就是其中最险恶的一个。

　　在这里，一道石梁把江水分为南北两个水道，里面到处都是坚硬无比的礁石。其中有三个特大的礁石，叫做头珠、二珠、三珠，排成品字形，挡住了来往船只的去路。最大的头珠上刻着"对我来"三个大字，下水船必须对准它从激流中冲去，船舷挨擦着礁石立刻转弯，稍微偏离一丁点儿，就会撞得粉身碎骨。

　　这三个滩险的生成原因不一样。新滩是山崩造成的。原来这里两边的岩石非常破碎，很容易发生山崩。北宋仁宗时期一次山崩，堵塞了长江，整整用了9年时间，好不容易才重新疏通。明朝嘉靖年间，有人贪图利益，挖掘南岸崖下的煤层，引起一场特大山崩，不仅砸坏了许多房屋和船只，还堵塞了长江航道。这里是长江三峡里最令人头疼的"肠梗阻"地段。

　　泄滩北岸的乱石滩是洪积扇。夏天山洪暴发，冲带来无数石块，堆积在山溪出口的地方，就形成了威胁航行的洪积扇。

　　崆岭滩地段是坚硬的古老变质岩分布的地方，岩体内有纵横交错的裂隙。江水沿着岩石的裂隙冲刷，就形成了一块块礁石。

　　新滩、泄滩、崆岭滩号称三峡三大滩险，也是一般河流滩险的三种主要类型。古时候进出四川的船只，面对着这些滩险，怎么不深深叹息"蜀道难，难于上青天"？不过三峡大坝蓄水后，长江水位提高，已经完全将这些险滩淹没了，船只航行再也不受其威胁了。

知识点

1. 新滩是山崩造成的。
2. 泄滩是北岸洪积扇和南岸岩坎共同约束形成的。
3. 崆岭滩是一片坚硬的礁石。
4. 三峡大坝蓄水后，所有的滩险完全消失，成了通途。

三朝三暮，黄牛如故

长江三峡水利枢纽附近，山势非常奇特，有两处来往水手和旅客熟悉的风景。

看吧，古老的黄陵庙背后，高高的崖壁上，显露出一幅神奇的天然壁画。一个黑色的人影，手里似乎握着一把开山的大刀，牵着一头黄色的神牛，隐藏在石壁上，动也不动一下。

传说远古时期，洪水淹没人间，大禹治水的时候，玉皇大帝瞧见工程浩大，便派一头深通水性的神牛下凡，帮助他开峡引水。神牛低着脑袋，用脑袋上的犄角奋力推倒了一座又一座高山，开通了一道又一道峡谷。有一天早晨，一个农妇给参加治洪的丈夫送饭，在迷蒙的雾气里，抬头看见正在撞山的神牛，吓得大叫一声，神牛便藏进了石壁，再也不肯出来了。

又有人说，这个妇女瞧见自己的丈夫变成了一个身材高大的巨人，正牵着神牛在开山。她禁不住惊叫一声，丈夫和神牛都不见了，只在崖上留下一个牵牛的人影。

这个又高又陡的山崖，就是西陵峡里有名的黄牛崖。崖下横卧着险恶的崆岭滩，古往今来不知吞噬了多少航船。

啊，黄牛崖呀，黄牛崖，凝聚了古代先民多少心愿？什么时候才能让三峡变通途，江上不再有滩险，不再需要神牛开通道路？

黄牛崖高高耸立在峡江上，老远就能望见，要想通过它很不容易。从前的木帆船时代，人们要想经过这里，

知识点

1. 黄牛崖上的"图画"是石灰岩风化生成的。
2. 黄牛崖下的崆岭滩，从前是三峡第一险滩。

黄牛峡南岸的黄牛山上，耸立着一座红墙黄瓦的古建筑，这就是三峡中最大、年代最久远的古建筑——黄陵庙。（滨海之光/CFP）

不知要耗费多少时间和精力。三峡船夫口里流传着一首歌谣："朝发黄牛，暮宿黄牛。三朝三暮，黄牛如故。"无可奈何的歌谣，唱出了千百年来船夫们拉纤过崖的无限艰辛，也寄托了无限的期望。

如今三峡大坝已建成，江上水位抬升，崆岭滩消失得无影无踪。来往船只经过黄牛崖，再也不用三朝三暮。黄牛崖只能作为历史的见证，留下几声旧日的叹息。

望着黄牛崖上那幅天然壁画，人们不禁会问，难道真有这个故事？这是谁画在崖壁上的？

不，这不是人间画师的手笔，是无所不能的大自然魔术师的杰作。原来构成黄牛崖壁的岩石，是古老的震旦系石灰岩经过长期风化作用后留下的痕迹，加上一些苔藓共同形成的暗色斑块，看起来就像一头黄牛。这样的现象在石灰岩崖壁上经常可以看见，通过人们的想象，可以看成各种各样的图形。

不消说，这也是一种大自然的知识。

葛洲坝名字的来历

葛洲坝，谁不知道这个名字？

它在长江三峡出口的地方，1988年底这里建成了一个巨大的水利枢纽工程，从此名扬四方。大名鼎鼎的葛洲坝，谁不知道它的名字？

葛洲坝，谁知道这个名字的来历？

有人猜，它又是"洲"，又是"坝"，准是江心的一个沙洲。

有人说，它的名字开头就是一个"葛"字，没准从前这里有一户姓"葛"的人家吧？

错啦！这个三个字组成的名字，只说对了最后一个"坝"字。

"洲"不对吗？难道它不是江心洲吗？

"葛"不对吗？难道从前这里没有一户姓"葛"的人家吗？

不，统统不对。想知道它原来的名字，得向上百年前的老船夫打听。

现在哪还有上百年前的老船夫？只有翻古书查找了。

一本书翻破了，两本书也翻破了，还是找不到葛洲坝名字的来历。好不容易翻着一本书，发黄的书页上写着，这个江心沙洲压根就不是什么葛洲坝，原来叫做搁舟坝呀！

搁舟坝，这个名字古里古

知识点

1. 葛洲坝位于长江三峡出口处不远的地方。

2. 葛洲坝原来叫做搁舟坝。

3. 葛洲坝是江水流出峡谷后，水流分散，泥沙沉积而形成的。

4. 由于它的形状和水位深浅变化不定，船只很容易搁浅，所以叫做搁舟坝。

5. 葛洲坝水利枢纽工程具有发电、航运、防洪等功能。

湖北宜昌，货轮驶入长江葛洲坝船闸。（刘蛟／CFP）

怪的，包含着什么意思？

古书上说，这是一个常常会"搁舟"的"坝"，所以叫做这个名字。后来大家叫来叫去，逐渐叫得糊里糊涂了。不知道什么时候，也不知道是什么人，把它叫成了葛洲坝。

江心的沙洲怎么会"搁舟"？难道水上的船能够划上沙洲，陆地行舟不成？

请问上百年前有经验的老船夫吧，请翻看发黄的古书吧。

老船夫说："不是船划上沙洲，是在沙洲旁边搁浅。"

噢,明白啦! 原来是这么一回事呀。

为什么船容易在葛洲坝旁边搁浅? 先得弄明白这个沙洲生成的原因。原来长江流出峡口后，由于河床横断面一下子扩宽，水流分散，流速突然降低，就会使泥沙大量淤积，在江心生成一个浅滩。后来浅滩逐渐扩大增高，慢慢成为一个江心洲。随着江水不停冲刷和淤积，它的水上、水下形状和面积都在不停变化。加上洪水期、枯水期水位涨落不定，变化就更加复杂了。来往的船只经过这里，稍微有些不注意，就可能在它旁边的水下沙滩上搁浅。搁舟坝的名字就这样得来了。

葛洲坝水利枢纽工程是长江三峡水利枢纽的配套工程，包括拦河坝、发电厂、船闸、泄洪闸、冲沙闸、鱼道等组成部分，是长江三峡水利枢纽建成前全国最大的水电站。

它的拦河坝全长 2561 米，最大坝高 47 米，总库容量 15.8 亿立方米，总装机容量 271.5 万千瓦，平均年发电量 140 亿千瓦时。

这里有三个船闸，把长江一分为三。其中，二号船闸室长 280 米，宽 34 米，一次可以通过万吨船队，每次过闸大约需要 50 分钟，是世界上少有的巨型船闸之一。

长坂坡的地形

几个孩子议论《三国演义》。

一个孩子问："《三国演义》里，哪一段最精彩？"

另一个孩子说："当然是赵子龙单骑救主啰。"

赵子龙是谁？就是赵云呀！想当年，刘备被曹操打得落花流水。兵找不着将，将找不着兵，刘备只顾自己逃跑，连老婆孩子也找不着了。赵子龙单枪匹马杀进人群中，在这里单骑救主，怀抱小小的阿斗，从敌人的包围中杀进杀出，多么勇敢，多么威风啊！

曹操看得发呆了，想活捉他，叫他投降归顺自己，便命令手下兵将把他团团围住。可是谁也不能抵挡他，反倒让他打死了许多人。这段故事流传下来，谁不敬佩英勇无敌的赵子龙？

这场战斗发生在长坂坡。

话说到这里，一个孩子有些迷惑了，问大家："长坂坡在哪儿？为什么赵子龙能够骑着马在那儿冲来冲去？"

另一个孩子告诉他："长坂坡在湖北当阳城外。这个地名带一个'坡'字，准是一片山地。"

第三个孩子摇头说："你看，书里描写赵子龙骑马跑得飞快，陡峭的山坡上怎么能够跑马打仗？"

第四个孩子说："依我看，应该是一片大平原，罗贯中老先生写错了。"

长坂坡到底是山坡，还是平原？几个孩子争得面红耳赤，谁也说服不了谁。

长坂坡到底是山，还是平原？我们先弄清楚长坂坡这三个字的含义吧。长坂坡到底是什么样子？从它的名字就能看出来。

翻开字典查看，"坂"就是"平坦的山坡"的意思。加上一个"长"字，表明这里是一片又长又宽的倾斜山坡，地形非常简单，一眼就能看穿。长坂坡三个字，把这种地形特点描写得多么准确。

旧时年画，《当阳长坂坡》。（文化传播/FOTOE）

这样的地形，骑马冲锋再好也没有了。赵云能够在这里尽情冲杀，无人可以抵挡，除了他非常勇敢，还和地形条件有很大的关系。

这种地形真的有利于他横冲直撞吗？也不是的。仔细观察这里的地形，平缓的斜坡上还有一条条宽浅的沟谷穿插切割，增添了地形结构的复杂性。

说到这里，人们会问，为什么长坂坡地形是这个样子的？这和地质构造、岩石性质分不开。原来这里是缓缓倾斜的单斜构造，倾角非常小，加上坚硬的砂岩不容易风化剥蚀，所以才能生成"长长"的"坂坡"呀。

三峡一带的高山峻岭和荆州一带的大平原之间，是一片像波浪一样微微起伏的丘陵，这是湖北西部山地平原中间的过渡地带。

由于这里的地壳挤压很缓和，所以生成了非常平缓的褶皱构造。这些褶皱构造的每一边，都是长长的斜坡。由于这里出露的是坚硬的砂岩，所以这种地质构造能够长期保存。可是在后来地壳微微抬升的过程中，一些沟谷又微微向下切割，生成了长坂坡上一些宽浅的沟谷。在这样的地形条件下，赵云当然可以尽情骑马冲杀啰。

长江第二大岛百里洲

请问，万里长江上，最大的江心岛是谁？

这还不简单么，谁不知道是崇明岛呀！

请问，万里长江上，第二大江心岛是谁？

哟，这可考住一大堆人了。大家一个个张大了嘴巴，你望着我，我望着你，说不出一句话。

是鄱阳湖口的小孤山吗？

不是的，小不丁点的小孤山，怎么排得上老二的位置？

是宜昌城下的葛洲坝吗？

也不是的，它也差得太远了。

是有名的镇江金山、焦山吗？

不，金山早就和河岸连接在一起了。焦山孤零零地坐落在江心，也不是太大，够不上老二的资格。

这也不是，那也不是，到底是谁？去问地理老师吧。

地理老师说："万里长江第二大江心岛是百里洲。"

百里洲：位于长江中游荆江首端，是全国第二大冲积岛。（文振效 /CFP）

　　啊，百里洲，听着这个名字，就能想象它有多大了。小孤山、焦山、葛洲坝，哪能称得上"百里"，压根就不能和它相比。

　　百里洲在哪里？

　　它坐落在长江中游的江汉平原上。翻开地图看，这里有一个大江心洲，就是百里洲。

　　百里洲到底有多大？

　　它有214平方千米，虽然比不上崇明岛，却远远超过了其他的沙洲和江心岛。崇明岛在长江和东海交界的地方，虽然主要是长江泥沙堆积形成的，却多多少少和大海有一丁点关系。百里洲藏在距离大海很远的内地，所以有人说它是"万里长江第一洲"。

　　百里洲从来都是这个样子的吗？

　　不，古时候它是一片江水流过的礁滩地带，散布着数不清的大大小小的沙洲，后来才逐渐连接在一起，成为今天我们看见的百里洲。

　　长江流到这里，由于百里洲阻挡，分为两股河道，分别从它的南边和北边绕过去。南边是主流，当地叫做"大江"；北边是岔流，水面窄得多，当地叫做"小江"，古时候也叫做"沱"。

　　三国时期，这里曾经发生过一场大战，叫做百里洲之战。曹操手下的大将夏侯尚领兵打败东吴的诸葛瑾，占领了百里洲，在洲尾鸭子渡修建了一座浮桥，打算一鼓作气攻占荆州。诸葛瑾非常紧张，不知道该怎么办才好。手下的潘璋出主意，偷偷绕到百里洲上游，砍了许多芦苇，扎了成千上万个芦苇筏，忽然一下子点燃，顺流漂下来，一把火烧掉了浮桥，破坏了曹军的计划。诸葛瑾趁势发动进攻，打得曹军惨败，保卫住了长江防线和荆州。

　　百里洲上是一派平地，土壤非常肥沃，自古以来就是耕种的好地方。从前这里是闻名全国的棉花产地，秋天在江上远远一看，岛上一片雪白，获得了"银洲"的美称。今天岛上到处都种满了砂梨，每年三月下旬至四月上旬梨花盛开的时节，几百万棵梨树一起开花，岛上也是一片雪白的世界。

江心绿飘带——橘子洲

长沙这个名字是怎么来的？

有人说，来源于天空中的长沙星。古代天文学家认为上有星象，下有相应的"星野"。长沙这个地方和天上的长沙星相应，所以叫做长沙。

有人说，来源于这里的一个万里沙祠。所谓长沙，就是"万里长沙"的意思。

还有人说，来源于湘江里的一个长长的沙洲。这个沙洲就是有名的橘子洲。很多古人同意前面两个解释，现在的人们却大多赞成后面的说法。

咱们现在不管长沙的名字是怎么来的，还是把目光转移到橘子洲身上，看看它是怎么生成的吧。

橘子洲躺在湘江中间，东边挨着长沙城，西边靠着岳麓山。沙洲上面种满了树木花草，风光非常秀丽，好像长沙的一颗绿色的水上心脏。

橘子洲很长很长，南北长5000多米，东西宽只有50米—200米，好像一条碧绿的飘带，漂浮在湘江水波上。有人说，它是世界城市里最长的内河绿洲，一点也不错。一些临河的城市，江边公园都在岸上，这里的公园却在水中央，真有特点呀！

站在橘子洲头，不由得会念诵起毛泽东的《沁园春·长沙》："独立寒秋，湘江北去，橘子洲头。看万山红遍，层林尽染。漫江碧透，百舸争流……"人们的心胸无限开阔，为眼前一派迷人的风光深深陶醉。试问别的城市的江滨，哪有这样浓郁的诗的意境？

橘子洲在水中间，古时候洲上有一座水陆寺，所以原来名叫水陆洲。因为从前洲上种满了橘树，所以又叫做橘子洲。大家叫得顺口了，原来的名字几乎没有人知道了。

湘江上的橘子洲：湘江是湖南省最大的河流。橘子洲是湘江下游众多冲积沙洲之一，也是世界上最大的内陆洲。（锋子／CFP）

橘子洲是怎么生成的？

不消说，是江水带来的泥沙慢慢淤积形成的。

橘子洲算得上一个典型的江心洲吗？

那还用说吗？人们常常把位于河中间的一片陆地叫做"洲"，橘子洲坐落在江心，当然是江心洲啰。

噢，这个说法很混乱，需要仔细分析一下，哪些江心的陆地可以叫"洲"，哪些不能叫这个名字。

在人们的印象中，江心的陆地有的叫"滩"，有的叫"洲"，有的叫"岛"。"滩"比较低浅，洪水期被淹没，枯水期才出露。"岛"的地势比较高，洪水也不能将其淹没。"洲"似乎介于两者之间，一般洪水不能将其淹没，只有特大洪水才会盖过。但是这样划分也不一定准确，因为在人们的生活中，"洲"的应用非常广泛，往往一些浅水沙滩也叫做"洲"，这就有些说不清了。

我们用地貌学的严格科学概念，介绍另外一套河边地貌单元的划分方案吧。

地貌学规定，一般洪水位被淹没，枯水期出露的是河漫滩，或者叫做低河漫滩。特大洪水才能被淹没的，叫做高河漫滩。洪水期不能被淹没的是阶地。如果按照这些严格的地貌学定义划分，橘子洲属于什么类型呢？

由于高、低河漫滩常常被洪水淹没，所以人们不会傻乎乎地在上面修建房屋。只有阶地上才有房屋、田地分布。有没有建筑物，也可以帮助我们区别这几种河边地貌类型。

古书上介绍，洪水来临的时候，附近江心别的沙洲都被淹没了，只有橘子洲出露在水上，而且橘子洲上散布着大量建筑物。从这个特点来看，它应该属于阶地类型。

1986年，考古工作者在距离橘子洲南边不远，位置比它还低的地方，发现了一个新石器时代遗址，距今大约7000多年。遗址底层也是第四纪全新世的地层，和江边的一级阶地相同。这也从另一个角度证明了橘子洲的古老性质，不是很新的河水淤积的沙滩。综合起来分析，这是一个特殊的阶地，特殊在于它位于江心，是一个和一级阶地相当的江心洲。

知识点

1. 橘子洲很长，位于湘江江心。

2. 橘子洲的年龄，比一般的沙滩古老得多，相当于一级阶地的江心洲。

3. 河漫滩、高河漫滩和阶地不一样。

长沙沙水水无沙

毛泽东在《水调歌头·游泳》里吟咏道："才饮长沙水，又食武昌鱼。"请问，诗词中所说的"长沙水"，是什么水？

长沙坐落在波浪滔滔的湘江边，水自然很多很多。可是一般江水有什么稀奇，值得写进诗词，和鼎鼎大名的武昌鱼相提并论？

这不是江水，也不是湖水，而是白沙井水。

白沙井水是一般的井水吗？也不是的。这是一股涌流不尽的天然泉水。

白沙井位于长沙老南门外天心阁下白沙街东头。只见泉水流出来的地方，用大理石铺砌得四四方方的，旁边竖立着一块"白沙古井"的石碑，标明了它的名字。如果不经过指点，根本就看不出是泉水。

听当地的老人说，原来这里只有一个井眼，水势非常汹涌。因为慕名前来取水的人很多，明朝末年改为两个井眼，现在改为四个井眼，水势也就逐渐分散，变得平和多了。

看一眼井眼里的水，清亮亮的，没有一丁点泥沙。趴下去，舀一勺水品尝一下，甜滋滋的，真是少见的好水呀！难怪被称为"长沙第一泉"。人们说的"长沙水"就是它，再也没有另外一个可以代替，毛泽东将它写进诗词里不是偶然的。

据说，从前这里有一座龙王庙，庙里有一副对联"常德德山山有德，长沙沙水水无沙"，歌颂了湖南西部常德的

知识点

1. 白沙井水水量丰富，水质清亮。

2. 白沙井水来源于背后的高阶地。阶地沉积结构生成了良好的储水构造。

3. 完整的阶地地形和白沙井附近的水塘，都保证了充足的水源。

湖南长沙白沙古井。（佳佳/FOTOE）

德山，也深深赞美长沙的白沙井。用白沙井水沏的茶叫做"沙水茶"，用来酿造的名酒叫做"白沙液"，都特别香浓。

千百年来，不论冬天还是夏天，白沙井水从不会干涸，也不会溢流出来。说它是天下奇泉，一点也不错。

为什么白沙井水这么清亮？和它的来源分不开。原来白沙井位于一个高阶地附近。阶地上部盖着厚厚的第四纪中更新世的网纹红土，中间是同样厚的早更新世的砾石层，下面是中生代的页岩和泥质砂岩层。正是这样的沉积结构，生成了品质良好的泉水。

请问，有名的白沙井水是怎么生成的呢？

这个阶地剖面上部的网纹红土有许多裂隙，可以使地表水和雨水渗漏下去。中间的砾石层的孔隙多，是良好的透水层，地下水可以在里面自由渗流。下面的泥质岩石是不透水的隔水层，保证不会漏水。这样一来，聚集在中间砾石层里的地下水就非常丰富，好像一个看不见的地下水库，水可以源源不断地流出来，形成白沙井的泉水了。

还值得一提的是，白沙井背后这一片阶地的地形非常完整，几乎没有沟谷切割，所以地下水不会分散流失，加上附近山坡下面有一个锡山塘，塘水渗透也能供应地下水，保证了丰富的地下水源。

寻觅"桃花源"

陶渊明的《桃花源记》，描述了一个安宁美丽的世外天地。

他说，在武陵地区，一个在河里打鱼的渔夫，有一天顺着一条小溪流往前划，渐渐划进了山里。他划呀划，只觉得两边风光如画，吸引着他只顾前进，忘记走了多远，不知道划到了什么角落，不知不觉来到一个从来也没有到过的地方。

这是什么地方？渔夫放眼一看，周围是一片密密的桃树林。芬芳的桃花几乎遮盖住头顶的天空，也遮挡住前面的道路。渔夫怀着好奇心继续往前探索，终于来到一道崖壁面前。前面的路已经到了尽头，再也不能往前走一步了。

他仔细一看，忽然在崖壁下面瞧见一个透光的洞穴，忍不住钻了进去。

这个洞起初很窄，只能容下一个人。往前走了几十步，忽然一下子开阔了，呈现出一个神秘无比的地方。

瞧呀，这里土地非常平坦，散布着一片片田地、池塘和树林，还有一座座房屋，隐藏着一个神秘的村庄。村庄里不时传来一声声鸡叫狗叫，洋溢着一派平和的气氛。

渔夫瞧着这一切，觉得奇怪极了。里面的人看见他，也觉得非常奇怪。渔夫仔细一打听，原来这是古时候一些躲避秦始皇暴政的逃亡者的子孙，祖祖辈辈住在这里，已经过了好几百年。他们在这里无忧

地名资料库

武陵在哪里？就是湖南西部的常德地区呀！西汉时期在这里建立了武陵郡，这个名字就流传下来了。后来这里先后叫过武州、嵩州、郎州等许多名字，北宋徽宗政和七年（公元1117年）才改名叫常德，一直沿用到今天。

湖南常德桃花源，桃花盛开的桃仙岭与桃花源牌坊。（单晓刚 /CTPphoto/FOTOE）

无虑过日子，不知道外面的世界是什么朝代，发生过什么事情，真是一个世外桃源。

陶渊明听说这个故事，就写了一篇《桃花源记》，千百年来迷住了许多人。陶渊明描述的桃花源到底在什么地方？可惜这位老夫子不知道出于什么原因，没有说出这个地方到底在哪里，引起后人争论不休，留下了一个疑谜。

仔细分析陶渊明描述的地貌细节，这个地方应该具备以下条件：一是顺着一条小河，可以一直走到山前；二是这里有一片桃树林，三是山前崖壁上有一个不引人注意的透光的小洞，只能够容一个人走进去；四是穿过这个洞，地势豁然开朗，里面有田地、水池，地形非常平坦。

地貌学家仔细分析后说："这是坡立谷呀！"

坡立谷是石灰岩地区岩溶地貌的一种常见类型。它的特点是周围山地环绕，中间一片平地，有地表河流和水塘散布，地形十分封闭，往往只能通过一条小路或洞穴，才能够和外界相通。如果这是一个坐落在偏僻地方的坡立谷，生活在里面的人完全可以和外界隔绝，形成秦人避难，不知外界世事变化的结果。陶渊明是世界上第一位生动描述坡立谷的文学家，观察细致，刻画真实可信。

科学问题弄清楚了，就得进一步弄清楚具体的地方。人们七嘴八舌争论起来，各说各有理。

有人说，陶渊明描写的桃花源，在湖南省桃源县境内。有人说，它在江西省九江市境内。有人说，这是重庆市酉阳县一个地方的真实写照。这三个地方都有桃树林和小溪，都是钻进一个洞门，就能够走进一个封闭的天地。还有人争辩说，这就是陶渊明自己的故乡——江西庐山西南边的康王谷。人们互相争论不休，各说各有理，都打出了"真正的桃花源"的旗号，开展了旅游开发活动。

细细比较这 12 个地方的地形特点，似乎都符合坡立谷的条件，都有自己的道理。到底谁是正宗桃花源，还得从陶渊明的原作里寻找线索。请注意，他说的是"武陵人捕鱼为业，缘溪行"，才来到了这个地方。"武陵"在湖南省西部，已经非常明确地点明了地区。看来湖南省桃源县之说比较可靠，应该是"正宗"桃花源。前面已经说过，坡立谷是一种常见的溶蚀地貌，在石灰岩地区非常普遍。如果要以此为根据，天下的"桃花源"就多得数也数不清了。

人们讨论这个问题，不由得有些埋怨陶渊明。唉，这位老夫子为什么不说清楚，害得人们争来争去，争了一千多年。

没准这是陶渊明老夫子故意不说的。那个与世无争的桃花源，是一个想象的地方，具有深沉的象征性意义，何必硬要往一个个具体的地方上套呢？如果文学作品里描写的地方，都必须一一对号入座，文学也就不叫文学了。争吧，争吧，没准陶渊明老夫子瞧着这些争得面红耳赤的人，正偷着乐呢。

知识点

1. 陶渊明描写的桃花源是一个坡立谷。

2. 坡立谷是一种石灰岩洼地，特点是其中有经常性的流水，和一般的溶蚀洼地相区别。

放大的盆景

白蒙蒙的雾气渐渐散开了，露出了朦朦胧胧的山的影子。

啊，这是山吗？

山怎么会是这个样子？不见莽莽苍苍的山形，不见昂然屹立的山峰，也不见斜斜的漫长山坡。只见一根根长长短短的石头柱子，远远近近密密排列，从雾气里渐渐显现出身影。

啊，这是山吗？

山怎么会是这个样子？不见满山披盖的苍松翠柏，不见绿地毯般的草坡，也不见一团团、一簇簇万紫千红的山花。只见石头柱子顶上冒出一簇低矮的灌木，配在光秃秃的石头柱子上，活像一个瘦长高大的汉子脑瓜上长着几根稀稀拉拉的乱发，简直不像样子。

啊，这是山吗？

山怎么会是这个样子？不见脚下的开阔山谷，不见谷底潺潺流水，也不见山坡上的层层梯田、山谷中飘起的阵阵炊烟。

啊，这好像一个岩石的"森林"。

你看，一株株造型奇特的石柱拔地而起，排列得密密麻麻。沿着崎岖的小径漫步其中，岂不像置身于一座化石森林里么？

这些石头柱子都有独特的形象，请看几幅素描画吧。

第一幅，柱子顶上有一个"石头椅子"，活像排球场边的裁判座椅。它有一个非常形象的名字，叫做"金交椅"。

第二幅，岩石底座上好像站立着一个高大无比的人物，这是"将军岩"。

第三幅，平地竖起一根沉重的石头"鞭子"，这是大名鼎鼎的"金鞭岩"。

够了，这样的图景看也看不完，说也说不尽，好一幅奇异的张家界风景。

湖南张家界，武陵源天子山景区西海峰林。（尤亚辉/FOTOE）

这是仙山的缩影，这是放大的盆景，好一片岩石"森林"。

张家界在湖南省西部深山里。这里是澧水之源武陵山的腹地。从前这里远离人世，除了当地的樵夫和猎人，谁也不知道这个秘密的角落。感谢大画家吴冠中。1979 年，他为了寻找山水素材来到这里，被眼前的景象惊呆了。他用生动的画笔，把这里的石林风光介绍给世人，没想到一下子轰动了世界。

张家界的风景为什么这样奇特？和它的岩石性质和地质构造分不开。

人们熟悉了云南路南石林，以为这里也是石灰岩地貌，眼前所有的这一切奇异风景，都是水流溶蚀生成的。

地质学家报告说："不，这是石英砂岩呀！"

石英砂岩和石灰岩完全不一样，不含碳酸钙，不能够溶蚀。石英砂岩岩性非常坚硬，也不容易风化剥蚀。

这也不能，那也不能，这一片岩石"森林"到底是怎么形成的？

秘密在于这里的岩体曾经经过强烈挤压，里面有非常密集的格状裂隙，沿着一条条裂缝裂开，就生成了形形色色的奇峰异石。裂隙很密的地方容易生成细细的石柱，裂隙稀疏的地方容易生成一道道石墙和石头台地。因为从上到下的岩层软硬厚薄不同，所以使得石头柱子上下粗细不一，形成更加复杂的形状。

人们看着这些奇异的石头柱子，不禁会问："为什么它们这样高？"

这是由于这里的石英砂岩特别厚呀。厚厚的岩层可以一直劈裂到底，就生成了一根根高大的石头柱子。

人们仰望着这些摇摇欲坠的石头柱子，有些害怕了，万一崩塌下来怎么办？

放心吧，石英砂岩不仅本身十分坚硬，胶结得也非常紧密，一般情况下不会无缘无故崩塌。

人们看着这些石头柱子还会问："为什么它们一般高？尽管一根根分开，顶部却是完全平齐的。"

这个道理很简单，因为这里的岩层是水平的。水平岩层不管怎么切割，它的顶部总是一般高。

知识点

1. 张家界石林造型奇特。
2. 这里的岩石是石英砂岩。
3. 由于岩体里的方格状裂隙密集，所以沿着裂隙生成一根根石柱。
4. 由于这里的岩层很厚，所以劈裂开的石柱很高。
5. 由于这里的岩层是水平的，所以石柱一般高。
6. 石英砂岩非常坚硬，一般不会崩塌。

船在青山顶上行

唐代大文学家柳宗元在湖南永州居住的时候，有一天到城外的小石潭去游玩。他慢慢走过一座低矮的丘陵，往前走了不远，忽然听见密密的竹林后面传来一阵阵叮叮咚咚的水声，好像音乐似的，把他的心搔得痒痒的。可是隔着一片竹林，他没法走过去，只好拿刀砍出一条小路，顺着水声的方向去寻找那里的秘密。

他走到面前一看，一下子惊呆了。只见怪石围绕间，有一个小小的水潭，水非常清亮，可以一直瞧见水底。一股金灿灿的太阳光照射在湖上，一直射进深深的水底，把水边树木的影子投映在水底的石头上。四周树木围绕，幽静极了。

再一看，水里有许多小鱼儿，好像悬空漂浮着似的，动也不动一下，数一数，大约有100多条，上上下下聚集在一起。过了一会儿，小鱼儿忽然摇着尾巴一下子都不见了，好像在和人们捉迷藏呢。

啊，这里的水真清亮呀！

另一个唐代大文学家韩愈到桂林去旅行，瞧见漓江两边美丽的风光，兴致勃勃写了一首诗，描写道："水作青罗带，山如碧玉簪。"

啊，青山绿水多美丽。清亮亮的漓江和柳宗元看见的小石潭一样。

清代诗人袁枚把漓江的水描写得更加形象。他在诗中写道："江到兴安水最清，青山簇簇水中生。分明看见青山顶，船在青山顶上行。"

瞧呀，漓江水多么清亮，

知识点

1. 石灰岩地区因水的溶蚀作用，很少生成泥沙。
2. 石灰岩地区的水非常清亮。

湖南永州道县江华上甘棠古村。（林春茂/FOTOE）

水中的两岸青山倒影看得清清楚楚，低头瞧见水里的青山，船儿好像在山顶上驶过似的。这是一幅多么迷人的江上风景画呀。

永州位于湖南省南部，古时候叫做零陵，又叫潇湘。这里紧紧挨着五岭山脉，和广西、广东连接在一起。境内石灰岩面积很广，和桂林一带的地质环境一样。

为什么永州小石潭和桂林的漓江水这么清亮？因为都是石灰岩分布的地区。水对石灰岩进行溶蚀作用，很少形成泥沙。加上环境保护得很好，两岸都是"青山"，而不是光秃秃的山头，江水里的含沙量自然就很少，透明度很高。在这样清亮亮的水里，鱼儿好像悬空漂浮在水里，江水好像"青罗带"，仿佛"船在青山顶上行"。

雁到衡阳亦倦飞

冬天来了，天气一天天冷了。一群群大雁扇着翅膀，排列成整齐的"人"字形，嘎咕嘎咕叫着，从北方飞往温暖的南方。

雁群飞啊，飞啊，飞过千山万水，要在无情的寒风面前，赶快飞得远远的，得用多少力气？

雁群飞啊，飞啊，飞过片片白云、层层高山，真的很疲倦。

地上的人们抬头望见一群群大雁飞过，忍不住向它们呼唤："大雁哪，歇一会儿吧，别累坏了身体。"

南飞的大雁会歇一会儿吗？

会的。等白昼的日光消尽，朦朦胧胧的夜色升起来的时候，它们会从空中打一个旋儿落下来，像人们一样寻找一个安静的地方睡一觉，养足了力气，第二天接着往前飞。它们也会考虑在什么地方落脚，就在那里安安静静过冬，不再继续往前飞了。

这会是什么地方呢？

古人说，南岳衡山有一座回雁峰，就是南飞的大雁过冬的地方。

回雁峰，听着这个名字，就可以想象是大雁回返的地方。

你不信么？有书为证。

一本古书说："衡州有回雁峰，雁至此不过，遇春而回。"

你看，书里不是说得清清楚楚么？大雁飞到这里就不再往前飞了，一直住到来年春天才飞回北方。

一首古诗也说："雁到衡阳亦

知识点

1. 大雁不会飞过衡山的回雁峰的说法不正确。

2. 大雁在温暖的南海边过冬。

湖南衡阳，远眺冬日衡山山峦。（谢光辉 /CTPphoto/FOTOE）

倦飞。"

这样的说法可多啦。唐代诗人王勃在《滕王阁序》中写道："雁阵惊寒，声断衡阳之浦。"北宋政治家王安石也说："万里衡阳雁，寻常到此回。"由此可见，大雁在回雁峰过冬的看法，已经深深印在人们心里了。

你瞧，大雁飞到这里非常疲倦，也不想再往前飞了。

看吧，书里白纸黑字写着，难道还会有错吗？

别信前面书里的话。书是人写的。人的认识免不了会出错，书上的东西有时候也会出错。读书，不能做"书奴"，认为书上说的都是对的。有一句老话说"尽信书，不如无书"，就是这个道理。

为什么古书也会出错？是观察不仔细的原因。北宋时期有名的宰相寇准到了衡阳南边的舂陵地区，抬头看见一群大雁往南飞，也写了一首诗，说道："谁道衡阳无雁过？数声残日下舂陵。"

古代的舂陵在哪里？就是今天湖南最南边的道县。大雁接着往前飞不远，就飞过五岭山脉，飞到温暖的广东和海南岛了。事实证明，南飞的大雁几乎都飞过五岭山脉，一直飞到温暖如春的南海边越冬。

南岭何在

请问，什么是山脉？

山脉是一道连绵不绝的山地，好像一堵天然的高墙。

高高的山脉，是最好的挡风墙。

为什么这样？因为山脉不仅很高，还连绵不断，比世界上任何砖墙、石头墙都管用，不管什么风也别想吹倒它，是名副其实的挡风墙。

噢，明白啦。山脉能够挡风，一是高，二是连续，少了一个也不行。

这就可以下结论了吗？才不一定呢！想不到有名的南岭，虽然也能够挡风，却是一道七零八落的山墙。

为什么这样说？让我们来仔细看看它吧。

南岭横亘在江西、湖南和广东、广西中间，是中国大陆最南边的一条东西走向的山脉。因为广东、广西在它的南边，所以叫做岭南地区。

南岭山脉包括越城岭、都庞岭、萌渚岭、骑田岭、大庾岭等五个山岭，由西向东排列成串，所以南岭又叫五岭。

南岭这个山脉真奇怪。说它不是山脉，还真是一个山脉。说它是山脉，又不像一般山脉的样子。

为什么说它是一道山脉？

因为它不管有多长，都是同一个时代、同一个地区、同一个造山运动形成的。从这一

知识点

1. 南岭又名五岭，主要包括五个山岭。

2. 南岭山地并不是连续延伸的。

3. 南岭是中亚热带和南亚热带的界线。

4. 南岭是长江流域和珠江流域的分水岭。

5. 南岭矿产资源丰富。

广东韶关乳源县，南岭国家森林公园云海景观。（木可/FOTOE）

点来说，它当然是一道山脉。

为什么说它不像一道山脉？

因为它和别的山脉不一样，不是一个连续的整体，而是由一个个分隔开的山地组成的。从这一点来说，它简直就不像一条正儿八经的山脉。

以前，李四光想研究它。它明明是一条从东到西的大山脉，走到跟前却一下子不见了。只见眼前的山并不统统连接在一起，也不是东西排列。这里一座座大山都斜着身子，从东北伸向西南，中间留着一些低洼的谷地和山口，根本就没有地图上画的那条横贯东西的大山墙。

李四光觉得奇怪极了，这么长一条大山脉，一下子就不见了，好像在和人们捉迷藏。于是他写了一篇文章，题目就叫《南岭何在》，真有趣呀！

你见过舞台两边的边幕吗？南岭就是这个样子的。五岭山地好像一排排斜着身子的边幕，连接成一大串，就形成了南岭山脉。

南岭虽然不是一道完整的山墙，却能挡住北方的寒潮，也能挡住从南海吹来的暖风，成为一条天然气候界线，分隔开北边的中亚热带和南边的南亚热带，以及华中地区和华南地区。它也是长江流域和珠江流域的分水岭，作用可大了。

南岭有广义和狭义之分。广义的南岭还包括苗儿山、海洋山、九嶷山、香花岭、瑶山、九连山等，东西长约 600 千米，南北宽约 200 千米。广义的南岭从广西西北部一直延伸到江西南部和广东东北部，东西绵延 1400 千米，和福建的武夷山连接。狭义的南岭只包括五岭山地。

南岭并不高，一般海拔在 1000 米左右。最高峰是越城岭的猫儿山，海拔 2142 米，和别的山脉简直不能相比。它的地形非常破碎，一座座山岭互相不连接。山岭之间常常隔着一些构造凹地，是南北交通的孔道。其中最主要的有三个。第一个是越城岭与海洋山之间的桂岭路，连接湘江和漓江的灵渠和湘桂铁路就从这里通过。第二个是折岭路，京广铁路由此通过。第三个是梅花路，是沟通江西和广东的传统通道。

南岭不高，又不连续伸展，为什么能够成为一条重要的自然界线？因为北方来的寒冷气团到了这里已经成为强弩之末，没有力量再翻越过去了。

南岭蕴藏着丰富的有色金属矿床，其中以大庾的钨矿最为有名。

独木成林的"小鸟天堂"

俗话说，独木难支。一棵树，怎么能够支撑起一片天地呢？

不，这话错了，至少在这里用不上。

请问，这是什么地方？这里距离广州不远，是江门市新会区天马村河心的一个小岛。

站在河岸上远远一望，岛上一派绿郁郁的景象，好像一座大树林。这就是"独木能支天地"的罕见奇观。

你不信么？自己去看吧。踏上这个小岛，好像一下子就走进了一座茂密的树林。四周都是碧绿的树木，树下长满了低矮的灌木和杂草。站在里面几乎分不清东南西北，活像一个大迷宫。

你想弄清楚是怎么一回事吗？顺着一根根枝杈仔细追查吧，想不到身边所有的枝杈几乎都从小岛中央一个粗壮的树身上伸展出来。全岛没有别的树，真的只有一棵大树呢。

这是一棵巨大的榕树。就是它，支撑起了整个"大树林"。

在四周水流围绕的小岛上，野生动物生活非常安全，有了这个"大树林"就更好啦！数不清的鸟儿飞到这里，在这个奇异的"大树林"里安家。

这里到底藏着多少鸟儿？谁也说不清楚。只见一群群鸟儿飞起来的时候，黑压压一片，叽叽喳喳叫个不停。当地的老人说，至少有好几万只，其中最多的是白鹭和灰鹭。白鹭早出晚归，灰鹭晚出早归。一早一晚都有成群结队的鹭鸶，沐浴着清

知识点

1. 广州附近有一个著名的水上"小鸟天堂"。

2. 这是一棵巨大的榕树形成的"树林"。

3. 巨大的榕树有许多支撑根和气根。

广东新会，"小鸟天堂"——繁盛的榕树林。（CFP 供稿）

晨和黄昏的霞光，在空中盘旋飞舞，使这里充满了生气，一点也不寂寞。1933 年，年轻的巴金到这里游玩，被这个奇异的景象深深迷住了，写了一篇优美的散文《鸟的天堂》，"小鸟天堂"的名声一下子就传遍了四方。

天马村河心的这棵大榕树，传说是明代宗景泰年间种植的，已经有500 多年的历史，是名副其实的大树爷爷。人们一代代相传，这里原本是河心的一个小小的泥墩，随时都可能被洪水冲毁，有了这棵榕树才稳固下来，不仅没有被冲刷毁坏，反而一天天淤积扩大，变成了一座河心小岛。

一棵树怎么能够成为一座树林呢？这要从榕树本身说起。

榕树生长在南国，沐浴热带灼热阳光，吸取深厚土壤营养，常常能够成长为荫盖一方的大树。

它的树根到处蔓延，伸进泥土和石头缝里，盘根错节组织成网，可以广泛吸收营养，支撑巨大的树身，打下了稳固的基础，保证树身不倒。

它的树身高大粗壮，树冠朝四面八方伸展出密密的枝杈，身上缠满了粗细长短不一的藤萝，好像一个绿色巨人。更加值得一提的是，它还有许多支撑根，从枝杈上一直插进树下泥土里，帮助主干撑起了巨大的树身，增加了大树的稳定性。

这还没有完呢。它的枝杈上，还有无数长长短短的气根垂挂下来，遮蔽住人们的视线。猛一看，更加像一座茂密的树林了。

甘蔗田里的鱼塘

暖洋洋的南风吹过甘蔗林，吹拂得甘蔗叶沙沙响。

仔细一听，甘蔗林背后传来"泼喇"的水声，打破了这里的寂静。

咦，这是怎么一回事？

原来是一条大鲤鱼从水里蹦了起来。

拨开密密的甘蔗叶一看，不由惊奇地瞪大了眼睛。想不到甘蔗林背后，竟藏着一个四四方方的水塘，鲤鱼就是在这里蹦出水的。

再细细一看，甘蔗林也算不上什么林子，只不过是一排排甘蔗种植在窄窄的田坎上面而已。

请问，这是什么地方？

这里就是有名的珠江三角洲上的一块"水田"呀。

说它是水田也不对。它压根就和南方常见的水田不一样。别处的水田里种的是水稻，一块块水稻田连接成一大片，一眼就能望穿。其实，这只不过是一个鱼塘。

说它是鱼塘也不对。它和一般的鱼塘有些不一样。一般的鱼塘就只是鱼塘，塘边光秃秃的，怎么会种上密密的甘蔗呢？种植了农作物，就应该算是田地嘛。

说来说去，说出一点门道了。原来这是"甘蔗田加鱼塘"。既不是"田"，也不是"塘"，干脆给它取一个特殊的名字，就叫做"蔗基鱼塘"，意思是塘坎上种甘蔗的鱼塘。

珠江三角洲的土地资源非常宝贵，算得上寸土寸金。为了尽可能充分地利用土地，聪明的农民不仅创造了"蔗基鱼塘"，还开辟了"果基鱼塘"和"桑基鱼塘"，总称为"三基鱼塘"。顾名思义，后面两种就是在塘坎上种果树和桑树的鱼塘。

珠江三角洲位于北回归线以南，全年气候温和，雨量充沛，日照时间很长，土壤非常肥沃，无论种植粮食还是经济作物都很适合。这里的农民非常聪明勤恳，农业生产经验十分丰富，善于开动脑筋，提高作物生产水平。除了精耕细作，改良品种，水稻一年三熟，还能精打细算，充分利用土地资源，创造出"蔗基鱼塘""果基鱼塘""桑基鱼塘"等多种多样的生产方式。这样不仅不浪费一丁点土地，还能循环利用废料，好处一下子说不完。

这些特殊的养殖和种植相结合的方式，是怎么施工完成的？有一个逐

位于广东省珠江三角洲腹地的南海西樵桑基鱼塘。（陈一年 /CTPphoto/FOTOE）

渐发展的过程。起初只不过是对一些低洼地方的利用，后来才逐渐形成了规范化的种植方式。

由于河流不断分汊和摆动，在三角洲平原上遗留了许多积水的洼地，形成了积水内涝的头疼问题。

怎么解决这个问题呢？人们自然利用洼地养鱼。但是这些大大小小的洼地分布散乱，中间还有许多空地没法利用，不能更好地提高生产，也造成了土地资源的浪费。下一步怎么办？

为了规范这些形状不一、面积不等的洼地的管理和进一步开发，当地人开始了有计划的改造工程。按照规划好的方案，合理利用土地资源，一面深挖土地成为水塘，一面把挖掘出的泥土堆砌在周围作为塘基。这样一来，不仅加深了鱼塘，还开辟了宽阔的塘基，可以用来发展种植业，同时还有堤防的作用，能够防备洪水泛滥。

好处还没有说完呢。以"桑基鱼塘"来说吧，"蚕沙（蚕粪）喂鱼，塘泥肥桑"，把种桑、养蚕、养鱼三者有机结合，形成桑、蚕、鱼、泥相互依存、相互促进的良性循环，减少了环境污染，营造出一种理想的生态环境。同时利用生产中的废弃物质发展养猪业，真是因地制宜、一举多得的好办法。随着农业生产的发展和市场经济的影响，珠江三角洲这种新型生产结构方式，很快就显示出优势，具有地方特色，被大面积推广起来。

知识点

1. "三基鱼塘"就是在中间水塘里养鱼，四周塘基上种植经济作物，是珠江三角洲特殊的农业生产方式。
2. "三基鱼塘"能够合理利用土地资源，也能防洪。

红艳艳的丹霞山

　　太阳落坡了，红艳艳的霞光染红了重重叠叠的山冈，红得这样鲜艳，不禁会使人有些怀疑，这不是傍晚的霞光，而是大自然老人看厌了平凡的绿色，用红色的颜料尽情涂抹的画作。

　　晚霞下的群山总是这样红吗？

　　不，随着夜色渐渐升起，霞光慢慢消散，眼前的山冈就会变得黑沉，再也不是红的了。先前看见的一片通红，只不过是快要沉沦的太阳，用尽一天最后的气力，把满腔的热情释放出来，暂时染红即将转入黑暗的大地。它似乎要用这个奇特的方式，和冷酷的黑夜作最后的斗争。它也像是把最后的爱意撒播到人间，这样才能使人体会到它的爱有多么深沉，它对世界做出了多么大的贡献。群山被染红仅仅一瞬间，这样壮丽的景色，转眼就会褪去一切耀眼的灵光。

　　广东的金鸡岭和丹霞山可不是这样。无论清晨、傍晚，还是太阳当顶的正午时分，它们永远都是红艳艳的。

　　你看，红艳艳的崖壁上，高高站立着一只石头大公鸡。红色的山头，红色的公鸡，十分引人注目。这里就是号称"广东八景"之一的金鸡岭。世间许多企业挖空心思制作形形色色的形象标志，哪一个比这只红色的大公鸡更加壮观、更加牢靠？任随风吹雨打，地老天荒，它永远保存在这里，不会撼动半分。

　　你看，一眼望不尽的层层叠叠山峦，都袒露出坚固山石构成的胸膛。一道道陡峭的悬崖绝壁，

> **知识点**
>
> 　　1. 有名的丹霞地貌是红色岩层构成的。
> 　　2. 砂岩和砾岩形成的丹霞地貌特别坚硬，造型特别奇特。

广东韶关丹霞山世界地质公园姐妹峰。（丘颂文/FOTOE）

好像刀削斧劈似的，组成了一幅石头城堡的图画。高高低低的烽火台，起伏不平的雉堞，看得非常清楚。

这是红艳艳的丹霞山呀。满山上下一片通红，仿佛经历了一场古代恶战，无数战士的鲜血浸透了山石，永远也冲洗不了，才变成了这个样子。

瞧着红色的金鸡岭和丹霞山，没准人们会有些不明白。为什么它们这样鲜红？为什么它们和晚霞映红的山冈不一样，永远也不褪色呢？

这是红色岩层生成的特殊丹霞地貌。这些红色岩层生成在遥远的地质时期，主要发育于侏罗纪至第三纪期间，生成在水平或缓倾的红色地层中。在干燥的气候环境条件下，沉积的泥沙中含有许多铁质，就会使整个岩层都变成红色的。以丹霞山来说，它的山岩里含有丰富的氢氧化铁和石膏，当然就是红色的了，再加上钙质胶结得特别紧密，使山的"骨头"变得更加坚硬，就形成一种又红又硬的特殊地貌。地质学家给它取了一个富于诗意的名字，叫做丹霞地貌。

啊，丹霞地貌，是因为红色的元素完全散布在整个岩层里，而不是霞光的一时映照，才会成为这个样子的呀。

金鸡岭、丹霞山一带的岩层主要是红色的砂岩和砾岩，能够抵御风化剥蚀，所以地形特别陡峻，形成了红色的金鸡等各种各样的天然造型。

北回归线上的绿洲

火烫的北回归线穿过地球，沾满了难看的黄沙。

为什么这样？

请你自己翻开地图看一看吧。

是啊，它穿过撒哈拉大沙漠、阿拉伯大沙漠、印度西部的信德沙漠，还穿过了墨西哥干旱高原。经过了这么多黄沙漫漫的地方，它不沾满沙子才怪呢。

北回归线穿过的地方并不都是这个样子，也有碧绿芬芳的地方。孟加拉的水乡、缅甸的密林、椰树摇曳的夏威夷，加上我国的云南、福建和宝岛台湾，又给它涂绘了一道亮丽的绿色弧线，好像半截绿项链。

北回归线上有一颗绿宝石，这是缀在那半截绿项链上的宝石呀。闪闪发光的绿宝石，照亮了整个北回归线。

请问，这是什么地方？这是广东的鼎湖山。

鼎湖山，听着这个名字就可以猜想到，是不是有湖，也有山？在山下的湖里划一会儿船，该有多好玩！

错啦！鼎湖山下面没有湖。人们这样叫它，是因为这里的山顶有一个小湖，原本叫做"顶湖"，不知后来怎么编造了一个黄帝在这里造鼎的传说，才改名为现在的名字。只要名字响亮，就别管古代中原地区的黄帝怎么会跑到这里来铸造笨重的鼎了。

鼎湖山，真正值得骄傲的是满山、满坡、满沟的森林，山上山下到处一片绿。要不，怎么说它是"北回归线上的绿宝石"呢？

走进鼎湖山的森林，一下子就像进了树木花草的大观园。放眼朝四周一看，全是密密的林木，各种各样叫得出名字和叫不出名字的树木花草，

广东肇庆鼎湖山风光。(安哥/FOTOE)

掰着手指数也数不清。

　　走进鼎湖山的森林，一下子就闯进了绿色植物的宝库。在这里认识树木，学习植物知识，再好也没有了。

　　走进鼎湖山的森林，一下子就懂得了人和自然和谐相处的道理。当地人说，这里也不是从来就是这个样子的，山上的一些林子也不过400多年的历史。400多年对人生来说似乎太悠长，对历史来说却只是一瞬间。几百年来人们认真保护环境，才有了今天的鼎湖山。见识了这个活生生的课堂，还需要在真正的课堂里干巴巴说教吗？

　　鼎湖山位于北回归线以南，北纬23°05′—23°15′，东经112°30′—112°57′，广东省肇庆市境内，号称"岭南四大名山之首"。主峰鸡笼山海拔1000米，虽然比不上五岳的高度和名气，却也十分引人注目。

鼎湖山的特点是森林结构十分复杂,林木种类特别多,植株异常茂密。这个不算太高的山上,居然拥有亚热带常绿阔叶林和热带雨林的许多类型,构成了一个鲜活的植物博物馆。当地人说,仅仅是高等植物,这里就有包括16个自然植被类型的267科877属1843种。其中桫椤、苏铁等古老的孑遗植物品种,是和恐龙同时代的。咱们没有缘分瞧见活恐龙的尊容,能够看见这些高大的树木,也可以想象当年巨大的爬行动物生活在这些同样巨大的树木中间的情景了。

有了密林,就有飞鸟、野兽,以及各种各样飞的、跳的、爬的昆虫。这个绿色的天地,岂不是更加生气勃勃的舞台吗?

鼎湖山不仅是广东肇庆地区的鼎湖山,也是全国乃至全世界关注的鼎湖山。1956年,它成为我国第一个自然保护区。1979年,它又成为我国第一批加入联合国教科文组织"人与生物圈"计划的世界生物圈保护区,建立了"人与生物圈"研究中心,成为国际性的学术交流和研究基地。鼎湖山因其特殊的研究价值闻名海内外,被誉为华南生物种类的"基因储存库"和"活的自然博物馆"。

说到这里,好奇的人们会问:为什么北回归线上别的地方很干燥,这里的环境却特别好,生成了鼎湖山绿色植物宝库?因为北非和西亚同纬度的许多地方,几乎整年都处于干燥的东北信风的控制下。鼎湖山位于亚欧大陆东岸,季风活动的地方,温暖潮湿的海洋季风带来了大量水分。有了水,还有什么奇迹不能产生?

知识点

1. 鼎湖山位于北回归线上。同一纬线的许多地方都很干旱,这里却是绿色植物宝库,保存着一些活化石植物。
2. 鼎湖山拥有许多亚热带植物和热带植物。
3. 鼎湖山的动物种类也很多,是生物"基因储存库"。

火山口里的湖光

一圈圆圆的山墙，里面藏着一个圆圆的湖。

啊，这是什么地方？

山都是尖尖的、四四方方的，怎么会是圆圆的，围成一个圈子？

湖都在山外的平地上，怎么会藏在山墙里？

这里是湛江城外的湖光岩。听了这个名字，就可以想象它是什么样子了。这里有"湖光"，也有"岩"，就是水和山紧紧结合在一起的地方。董必武描写这里"四山环一湖，湖水明如镜"，简简单单十个字就把它的特点说清楚了。

为什么一个镜子一样圆圆的湖，藏在屏风一样圆圆的山墙里？这是一个谜。明代一位诗人问："谁人凿破混沌初，剖向天南作镜湖？"一代代

广东湛江湖光岩国家地质公园玛珥湖景观。（三毛/FOTOE）

的人东猜西猜，编造了许多千奇百怪的故事。

翻开当地的地方志，上面说，古时候这里有两个村子。有一天不知从哪里跑来一头白牛，村民们抓住它宰杀吃了，只有一个老奶奶不肯吃。眨眼间天崩地陷，两个村子统统陷落下去，变成了一个圆圆的湖。所有的人都变成了鱼，只留下那个善良的老奶奶。

这个神话流传很久，所以这里古时候叫做陷湖，因为湖水非常清亮，又叫镜湖和净湖。南宋高宗建炎三年（公元1129年），宰相李纲因为主张抗战，反对投降派，被贬到琼州，途中经过这里，和一个和尚在月下饮酒。他瞧见湖光映照在岩壁上，景色十分迷人，就提笔写了"湖光岩"三个大字，刻在崖壁上。湖光岩这个名字，后来就一下子传开了。

这就完了吗？不，这里还有不少秘密呢。

绕着它走一圈仔细看，想不到圆圆的大湖旁边，还连着另一个圆圆的小湖，好像连环套似的。这是怎么一回事？

这个湖被山墙紧紧包围着，没有一条河流进来，为什么一年四季，湖水都不会干涸？

陷湖的神话当然不可靠。湖光岩是一个火山口湖，是距今16万至14

万年间经多次平地火山爆炸深陷而形成的玛珥湖。这个火山口很大，直径将近 2000 米，水深大约 20 米，湖面积达到 2.3 平方千米。包围在湖水外面的一圈圆圆的山墙，就是火山口呀！

为什么在湖光岩里，大湖还套着一个小湖？这是主火山口里套生的一个寄生小火山口，大小火山口都积了水，就生成了大小两个湖连接在一起的现象。

值得注意的是，湖光岩周围的崖壁上，露出了一层层波浪冲卷火山喷发物生成的层理，表明它生成在古代海边，是一座从海水里冒出来的火山。

它是火山口，却没有高大的火山锥。这种只有火山口，没有火山锥的火山，叫做马尔式火山。中国虽然有许多火山，标准的马尔式火山却只有它一个。

为什么湖光岩里的湖水永远不会干涸？因为它有源源不断的地下水补充，所以不管什么季节，总是水汪汪的。

湛江附近大大小小的火山很多，邻近的广西合浦和广东交界的地方，就有一座保存完整的火山锥。

知识点

1. 湖光岩是一个火山口湖。
2. 湖光岩里还有一个套生的小湖，是大火山坡上的寄生小火山口。
3. 湖光岩是一个典型的马尔式火山。
4. 从沉积物判断，湖光岩是一个从海底冒出来的火山。
5. 湖光岩的湖水依靠地下水补给。
6. 湛江附近有许多火山活动的遗迹，表明从前这里的火山活动很活跃。

雷公墨

哇，这是什么？地上有一块黑石头。一个孩子拾起来一看，黑不溜秋的，活像炭团。

炭团哪有这么重？明明是一块石头。

另一个孩子跑过来，扒开地上的青草，又拾起一块藏在草里的黑石头。两个孩子东找西找，一会儿就找到一大堆黑石头。

哟，这里的黑石头真不少呢。有的大，有的小，大的好像土豆，小的好像蚕豆。有的扁扁的，有的圆溜溜的，有的外表好像水珠，有的好像哑铃。各种各样大大小小的黑石头，看花了两个孩子的眼睛。

咦，这是什么东西？

两个孩子不明白，回村里问老阿婆。

老阿婆戴上老花镜看了一眼，说："这是雷公爷爷打雷的时候，从天上掉下来的雷公墨呀。"

两个孩子又问老阿公："这是真的吗？"

老阿公一本正经地说："当然是真的。打雷下雨以后，常常能够找到这些黑石头。不是雷公爷爷在天上敲鼓的时候落下来的鼓槌，还会是什么东西？"

真是这样吗？两个

雷公墨：一种散布状产出的黑色玻璃质岩石。

孩子听得稀里糊涂的，又问学校的老师。

老师说："这就是雷公墨，咱们雷州半岛可多啦！不过这和雷公爷爷没有关系。打雷下雨以后能找到它，是因为哗啦啦的大雨冲开了泥土，把埋在泥土里的黑石头冲了出来，所以人们就以为是雷公爷爷不小心掉下来的。"

两个孩子问："不是雷公爷爷的东西，到底是什么东西呢？"

老师说："关于它生成的原因，有好几种说法。下一次上课的时候，我再讲给大家听吧。"

老师说对了，雷州半岛上有很多雷公墨。早在唐朝人们就发现了它，并记载在一些文人笔记和医学本草药典里。冲着它怪模怪样的，人们还把它当作可以治病的药物呢。因为它在雷雨后常常被冲出来，人们误以为它和雷公有关系，就取名为雷公墨。

雷公墨表面粗糙不平，样子古里古怪，是一种乌黑的玻璃质石块。

雷公墨的生成原因有不同的说法。有人说，它和雷电有关系。有人说，这是火山喷发出来的东西。有人说，这是从月球上飞来的。有人说，这是一种特殊的玻璃陨石。还有人说，虽然它不是陨石，却是陨石落下来的时候，撞击大地的瞬间，使一些地面物质融熔汽化，向外飞溅到四周，然后急速冷却而成的玻璃状石头。

不消说，这些说法都毫无根据。雷公墨分布的地方也不一定都有火山，也不是天上落下来的陨石。大多数人认为它是陨石撞击地球的时候，使地面物质迅速变质形成的。

除了我国的雷州半岛，世界上其他一些地方也有它的踪迹。值得注意的是，科学家测定了不同地方的雷公墨的年龄，大致都差不多。人们想，这些雷公墨是不是同一个时期生成的呢？于是有人提出一个大胆的想法，认为这是一场陨石雨，或者一个陨星撞击地球的时候，散落在各地的东西。这次撞击事件可能导致了气候骤变、物种灭绝等巨大灾难。是不是这样，还需要进一步仔细研究。

奇怪的河底 "马蹄印"

有人在广东从化地区考察，忽然宣布一个重大发现。他在这里发现了第四纪冰川活动生成的冰臼群。

冰臼是什么？这是强大的冰川在经过的地方，刻蚀成的一个个凹坑，形状很像舂米的石臼，所以叫做这个名字。

这个消息好像一个重磅炸弹，震动了整个广东乃至全国。在这个发现的带动下，广东各地纷纷传来回应，人们在别的许多地方也找到了同样的东西。

2007 年初，考察者又在邻近的湖南省桂东县普乐乡东水村的一个河床里，发现了绵延几十里的奇怪 "马蹄印"，认定这也是一个冰臼群。他联想到自己在四川阆中嘉陵江边的一个阶地上，挖掘古老砾石层的时候，在砾石层下面也发现了同样的现象。他十分兴奋地对周围的人群宣布，这是一个罕见的冰臼群。这样一来，冰臼分布就更加广泛了。

哇，这可不得了，想不到第四纪冰川活动竟这样广泛。特别是低纬度、低海拔的广东地区的发现，影响最大。如果南岭以南的广大地区都有第四纪冰川发育，当时全国岂不都近于千里冰封了吗？怎么解释许多地方发掘出来的包括大熊猫在内的大量喜暖古动物群化石，以及其他各种温暖气候留下的证据呢？

一个疑谜，一个科学公案，也就这样展开了。这个新闻迅速在新闻媒体和社会公众中间传开，成为

知识点

1. 冰臼是冰川刻蚀形成的。
2. 壶穴是山区河流冲刷形成的。
3. 冰臼和壶穴外表相同，应该联系古气候环境等多方面因素进行全面分析。

奇特的第四纪冰川"冰臼"群。(聂鸣/FOTOE)

街头巷尾谈论的话题。

　　从化冰臼群到底是怎么一回事？考察者请教了广东省地质学和地理学界的专家。大多数专家认为，这不是冰川生成的冰臼，而是水流冲击而成的壶穴。山区水流的流速很大，挟带了大量石块，作为侵蚀的工具，具有

很大的冲刷力。山区水流的稳定性也很差，常常形成各种各样的涡流。在这样的情况下，河水对河床底部不断冲刷磨蚀，也能够形成和冰臼形状相似的大大小小的凹坑，在地质学教科书上叫做壶穴。壶穴是一种非常普遍的山区水流侵蚀现象，几乎到处都能看见，在没有其他古气候和别的证据以前，不能轻易认定它是冰川形成的冰臼。这些专家对广东各地的地质情况研究得非常深入，应该尊重他们的意见。

一些四川地质学家也认为，阆中地区发现的冰臼，也是河水对嘉陵江河床底部进行冲刷磨蚀而生成的壶穴。

湖南桂东地区的成串"马蹄印"，大的直径有1米多，小的直径只有几厘米。这是20世纪90年代在这条河上游修建了一座水电站，大坝下面的水位下降，河床裸露出来而被人们发现的。它们的生成原因和河流的关系更加明显，还有什么好说的？

桂林山水甲天下

清清的江水映出一排排青青的山，两岸的风景看不完。

小小的竹筏好像一片竹叶，静悄悄地漂浮在水上，随着水流慢慢往前淌，没有一丁点儿声响。就连竹篙拨拉江水的声音，好像也融进了空气里，反倒增添了特殊的沉静气氛。

啊，这是什么山？一座座平地拔起，几乎没有半点勾连。造型这样奇特，似乎一个个都有自己的性格，奇妙得几乎难以想象。转过身子看周围的一切，仿佛是一个离奇的梦，一篇迷人的童话，一个孩子的幻想。自己就在这个梦里，这篇童话里，这个幻想里面，真实得几乎难以置信。

山，静静的；水，也是静静的。唯一的差别只是山完全没有动一下，水却不声不响慢慢淌流着，涟漪也没有卷起一个。运动的概念在这里似乎完全失去了意义。江水无声淌流，白云缓缓飘移，鸟儿一起一落，轻轻扇动翅膀。所有的运动形式，仿佛只是静的另一种诠释。

看，亮晶晶的江水，映出江边一座座孤峰的影子。那样真切，那样清楚，使人几乎分不清到底水上的景象是真的，还是水底的倒影是真的。

孤峰、树林、沙滩。

野鸟、水牛、牧童。

一个个有生命和没有生命的江上小品，点缀着眼前的一处处风景。不管山的精灵、石的精灵、水的精灵，还是真正的活生生的精灵，都融入了这幅天然图画。好一幅流动的风景，好一个人间仙境。

俗话说，桂林山水甲天下。古往今来，

知识点

1. 桂林山水是石灰岩地貌景观。

2. 石灰岩地区泥沙特别少，水特别清。

3. 石灰岩孤峰是水流沿着裂隙溶蚀的结果。

广西桂林山水风光。（李芳庆 /CTPphoto/FOTOE）

不知有多少诗人吟咏过同样的漓江风光。唐代大文学家韩愈描写漓江风光说："水作青罗带，山如碧玉簪。"简单几个字，就把这里的山水特点描绘得活灵活现。

为什么漓江水这样透明，这样清亮？这是石灰岩地区水流的特点。

石灰岩分布的地区，水流主要进行溶蚀作用，很少形成泥沙。加上环境保护得好，两岸都是"青山"，而不是光秃秃的山头，江水里的含沙量自然就很少，透明度很好，好像"青罗带"一样。

为什么这里的山都像"碧玉簪"，形成了"青山簇簇"？这也是石灰岩山丘的特点。

石灰岩山地的溶蚀作用常常沿着岩石裂隙进行。岩体内通常都有由于挤压而产生的垂直裂隙，水流顺着这些裂隙不断向下溶蚀发展，就会生成一座座孤立的山丘。这些山丘地貌学上笼统称为溶蚀残丘，又可以细分为孤峰、连座峰林等，就形成了各种各样的奇峰。

象鼻山，我问你

请看，这是成都理工大学附小的刘宇松小朋友，跟着爸爸到桂林去考察的时候，看见眼前的风景，当场写的一首诗。题目是《象鼻山，我问你》。

我问你，大象，
你为什么把鼻子伸进水里？
是想喝干漓江，
还是想灌溉美丽的家乡？

我问你，大象，
你为什么总站在水边？
是胆小不敢过江，
还是玩水，心里格外舒畅？

我问你，大象，
你为什么总低着头？
是在看水里的鱼儿，
还是照镜子，欣赏自己的模样？

我问你，大象，
你为什么把宝塔背在背上？
如果我也爬上来，
你还有没有力量？

这首诗写得多么天真可爱呀！

桂林江边的象鼻山到底是怎么一回事？是不是这个孩子的想象？

桂林象鼻山耸立在漓江边，是桂林旅游的标志。

你看，它活像一头巨象，站在江边，把长鼻子伸进水里吸水。古往今来，它不知引起了多少游客的兴趣。明代诗人孔镛也写了一首诗："象鼻分明饮玉河，西风一吸水应波。青山自是饶奇骨，白日相看不厌多。"读起来文绉绉的，和那个小学生写的诗相比，又是一番情趣。

看着象鼻山，人们会好奇地打听："难道这是真的吗？会不会有人工

桂林城徽——象鼻山。（张喆 /CFP）

雕琢的痕迹？"

不，这是大自然老人的杰作，没有一丁点人工造作。

原来，这是一座石灰岩的小山丘。水流沿着山体裂隙特别集中的部位长期溶蚀发展，加上江水冲刷和崩塌共同作用，形成溶蚀天生桥，恰巧分布在江边，就形成了特殊的"巨象吸水"的景观。

如果这种圆拱形的溶蚀天生桥坐落在山上，就会形成另一种景观。有名的阳朔月亮山上，有一个透明的圆窟窿，也是这样生成的。

明代诗人周进隆在《月牙岩》中吟咏道："翠微峭拔倚天表，半轮月照桂江小。"

美国前总统尼克松访华游桂林时，抬头瞧见这个背后映着天光的圆窟窿，以为是一个真正的月亮。当他沿着山边慢慢行走时，由于观察的角度不同，后面一个山头遮住空洞的面积不一，这个山上的"月亮"形状不断发生变化，造成了从满月到新月的月相变化的错觉。他爬上山仔细一瞧，才看清楚这是一个圆拱形的溶蚀天生桥。

知识点

1. 象鼻山是桂林旅游的标志。
2. 象鼻山是江水溶蚀作用形成的溶蚀天生桥。

白莲洞和柳江人的故事

　　柳州，"歌仙"刘三姐的故乡。

　　柳州，柳宗元放逐的地方。

　　柳州，古人类生活的摇篮。

　　柳州，原始文明萌芽的温床。

　　弯弯的柳江好像一条盘龙，绕过柳州的城下，所以柳州又叫龙城。

　　柳州的历史不是龙的历史，而是人的历史。它的历史既不是从刘三姐开始的，也不是从柳宗元开始的，而是从古老的原始人类开始的。

　　这里有最古老的柳城巨猿，也有新石器时代的大龙潭遗址。一条古人类发展的锁链，贯穿了柳州历史最早的篇章。其中最引人注目的是白莲洞和柳江人的故事。

　　白莲洞坐落在柳州市南郊 12 千米的白面山南麓。1956 年，中国科学院古脊椎动物与古人类研究所华南调查队，在裴文中、贾兰坡两位教授的带领下，在柳州发现了白莲洞古人类遗址。他们在洞内发掘出几件石器，认为这里很有希望，便组织了一些中青年科学家接着进行发掘和研究工作。经过几十年的不懈努力，他们终于发掘出从旧石器时代到新石器时代早期的三期文化连续序列，还找到大批哺乳动物化石和多颗古人类牙齿。

　　特别值得一提的是，我们在前面提到的那个 9 岁孩子刘宇松，和他 11 岁的姐姐刘嘉宇，1981 年暑假跟着他们的爸爸

知识点

　　1. 白莲洞遗址发现了古人类化石和丰富的石器时代文物。

　　2. 柳江人化石是早期蒙古人种的代表。

　　3. 柳江人可能是日本人的祖先。

广西壮族自治区柳州市白莲洞文化遗址洞口。（覃江英/FOTOE）

（一位参加发掘的地质学家）一起来到这里。他们的眼睛特别尖，心特别细，居然也在发掘出来的基坑里刨出一颗珍贵的人牙。这是至今为止，发现古人类牙齿化石年龄最小的"工作者"，是不是也应该在这里记上一笔呢？

白莲洞里不仅有丰富的化石和陶器、石器等文化遗存，还有美丽的洞穴和暗河。

在科学家们的策划下，幽深的洞穴里布置了一处处原始人生活图景的塑像，建立了我国第一座洞穴科学研究和科普宣传的综合性博物馆。这座博物馆也是科普教育基地，每年吸引无数中小学生前来参观学习。

在距离白莲洞不远的柳江县通天岩旁边的一个洞穴里，科学家发现了著名的柳江人化石，包括一个男性的头骨和一个女性的股骨。这是早期蒙古人种的代表，也是中国和整个东亚所发现的最早的晚期智人化石。

白莲洞和柳江人化石出土地不仅吸引来许多游客和学生，还吸引来许多海内外科学家。1994 年在这里召开的一次国际学术研讨会，来了许多日本古人类学家和考古学家，提出要到这里来寻根。

为什么日本学者对这里产生了这样浓厚的兴趣？因为他们在日本所发现的古人类都是矮个子，外表很像柳江人，所以认为日本人的祖先可能是"柳江人"的一个支系。

那两个孩子的爸爸和一位古人类学家、一位考古学家，共同研究了柳江人化石出土地点，断定这里不是古人类居住的地方。那两个古老的柳江人，很可能是从同时代的白莲洞出发，到这里来寻找食物，不知什么原因死后，被山洪冲进通天岩洞穴里的。这三个科学家都是有名的科幻作家和科普作家，推选那两个孩子的爸爸根据实际材料，写了一篇科幻小说《柳江人之谜》。原来科幻小说并不都是胡思乱想写出来的，有的也有可靠的科学证据，真有趣呀！

白莲洞遗址为什么这样重要？因为这里包含了从旧石器时代晚期到新石器时代早期一系列完整的化石和文化遗存，其中的中石器时代文物十分稀罕。它和柳江人化石可能存在隐秘关系。

地下渴龙的"大嘴巴"

你见过漏斗吗?

给瓶子里灌水装油,少不了漏斗。漏斗是什么样子,没有谁不知道。

啊,漏斗,岂不就是上面大、下面小,连接着一根管子,笔直通下去的吗? 这样的灌水工具一点也不稀奇。

你见过大自然里的漏斗吗?

噢,这可不一定谁都见过了。大自然里的漏斗生成在石灰岩地区,几乎到处都有分布,和商店里、家里的漏斗一样普遍。

世界上第一个研究大自然里的漏斗并给它取名字的是明代大旅行家徐霞客。

徐霞客在云南、贵州考察,时常见到这种漏斗地形。石灰岩地区常常地面缺水。为什么会是这个样子? 他发现就是漏斗把地表水吸进地下,才造成地面缺水的。这种微地貌没有名字,需要给它取一个才行。

徐霞客看了看面前的漏斗,觉得它上面好像一个碗,下面好像一口井,碗加上井,就取名叫"眢井"吧。瞧,他取的这个名字多么形象呀!

时间一年年过去,到了科学发达的近代,产生了地质学。地质学家重新研究它,觉得它和日常生活里使用的漏斗一模一样,干脆就把它叫做漏斗,写进一本本厚厚的教科书和科学著作。

地质学家研究漏斗,发现了一个规律。它们常常沿

知识点

1. 石灰岩地区的漏斗的形状,和日常生活里的漏斗一模一样。

2. 漏斗是地表水进入地下的通道。

3. 漏斗常常沿着裂隙成串排列。

4. 漏斗是寻找地下暗河的标志。

广西壮族自治区柳州市鹿寨县中渡镇，香桥岩溶国家地质公园。(覃江英 /FOTOE)

着岩石裂缝排成一条直线，好像笛子上面的一排圆圆的小孔。地质学家说，隐藏在地下的暗河，也顺着这条裂缝伸展。成排分布的漏斗，就是寻找地下暗河的标志。有人编了两句顺口溜："地上漏斗排成串，暗河必定在下面。"说的就是这个道理。

漏斗是石灰岩地区一种常见的地貌形态，生成在有裂隙分布的地方。由于水流不断溶蚀扩大，它才变成了这个样子。

漏斗是地表水和地下水之间最直接的通道。雨水和其他地表水流可以沿着它哗哗地流进地下，好像大自然老人担心地面的水太多，会淹没低洼地区，专门在这里安装一个个天然漏斗似的。地质学家给它取漏斗这个名字，真是再恰当也没有了。

地表水顺着漏斗流到地下，会把地下装满吗？

不会。水从漏斗流下去，常常流进一条条地下河。地下河又会从其他地方流出来，重新回到地面。只不过这里流出来的地下水，比原来山上的漏斗位置低得多。

不见天日的地下河

　　暗沉沉的地下，有一条暗沉沉的小河。谁也不知道它从哪里流来，将流到哪里去。

　　你想探索它的源头吗？这需要有一番勇气才行。谁知道它的水有多深，会不会隐藏着一个深潭，张开大口等待粗心的人？谁知道它的洞顶有多高，会不会一不小心碰着垂挂在上面的钟乳石，把脑袋碰一个包？谁知道它弯来拐去，要在黑乎乎的地下拐多少弯，流得有多远？在这样的暗河里探险，不仅充满了乐趣，也充满了危险。

广西桂林，芦笛岩水晶宫的定海神针。（覃江英/FOTOE）

阳朔境内的漓江边，有名的冠岩山脚下，就有一条地下暗河。它从溶洞里流出来，注入风光如画的漓江。从洞口往里看，可以瞧见一簇簇形态奇异的乳白色钟乳石，不知道这条暗河是从哪

> ## 知识点
> 1. 石灰岩地区有许多地下暗河。
> 2. 暗河可以补给地面河流。
> 3. 地下暗河还有暗湖和地下瀑布。
> 4. 暗河探险很危险，千万别冒里冒失胡乱闯进去。

里流出来的。明代一位诗人在这里留下一首诗："洞府深深映水开，幽花怪石白云堆。中有一脉清流出，不识源从何处来。"划着船进去举起火把一看，可以瞧见洞壁上还有一些古代留下的诗篇。

你想沿着暗河再往里面划吗？可是洞内宽窄高低不一，有的地方不能划船，需要划一个小竹筏才行。

这条暗河很长，好像一条特殊的水路，穿过了五个洞厅进入地下深处。有的地方非常宽敞，可以上岸观赏美丽的钟乳石，或者在沙洲上拾小石子；有的地方非常低矮狭窄，人只能躺在竹筏上，用手轻轻拨着暗河水慢慢前进，从两边的石壁中间挤进去，要有一番耐心和勇气才成。

暗河水是从哪里来的？

地质学家说，这是从地上来的呀！

石灰岩地区的地面到处都是窟窿眼，一个个溶蚀生成的漏斗和落水洞，好像一个个大漏勺，把雨水、地表水统统吸进地下，沿着一条条裂隙和垂直管道往下流。顺着这些垂直管道往下流到一定的位置，水流越来越集中，就会改变方向，沿着一条水平管道流动，成为地下暗河。

暗河不仅仅在黑暗的地下流，常常流出洞口后摇身一变，变成了阳光下面的地面河流。冠岩山脚下的地下暗河，就是这样流进漓江的。

在石灰岩地区，暗河可以成为地面河流的源头，也是一些地面河流的地下支流。

地下不仅有暗河，还有暗湖和地下瀑布。巨大的地下瀑布可以建立一座特殊的地下水电站发电呢。

山洞里的盲鱼

瞧呀，山洞里静悄悄地流出一条暗河，暗河里静悄悄地游出一条奇怪的小鱼儿。

你看它，身上光溜溜的，没有一片鱼鳞。

你看它，身子好像是透明的，可以清清楚楚看见肚皮里面的肠子。

你看它，几乎没有眼睛，好像一个瞎子。

啊，这是一条盲鱼呀！

可怜的盲鱼，好像从来没有见过光线，游到水洞外面的太阳光下，觉得很不习惯，用尾巴划开水，一下子就转身游回黑沉沉的地下暗河里了。

喂，出来吧，小小的盲鱼，出来晒一下太阳，和我们一起进行一下日光浴。

小小的盲鱼不回答。谁想再见到它，就得钻进洞里耐心寻找。

找呀找，好不容易找到了。它藏在没有亮光的暗河里，自由自在游得非常快乐，好像告诉人们：这里才是我的家，我可不喜欢外面亮堂堂、闹嚷嚷的天地。

喂，我问你，小小的盲鱼。你没有眼睛，怎么确认方向，怎么找东西吃？

喂，我问你，小小的盲鱼。你在地下到底吃什么东西，怎么过日子？

喂，我问你，小小的盲鱼。地下暗河里冷冷清清的，你没有朋友，怎么玩，怎么寻找乐趣？

喂，我问你，小小的盲鱼。你不怕敌人吗？没有眼睛到处乱闯，一不小心遇着凶猛的敌人可就坏啦。

盲鱼想躲开我们还来不及，哪会停下来回答问题？一个一个问题，都是一个个难解的谜。

生长在我国西南地区的盲鱼。(李鹰 /FOTOE)

盲鱼的个头不大，一般只有几厘米长，加上地下黑沉沉一片，它的身子是半透明的，所以很不容易被发现，是名副其实的"玻璃鱼"。

盲鱼一辈子都生活在黑漆漆的地下，那里没有一点光线，要眼睛干什么？其实它本来是有眼睛的，因为在黑暗的地下用不着，所以渐渐退化了，只留下一丁点痕迹，标明从前眼睛的位置。其实盲鱼和瞎子一样，虽然眼睛退化了，看不见周围的东西，身体里面别的感觉器官反倒灵敏了。就算没有眼睛，也照样能够生活。

地下洞穴里空荡荡的，盲鱼在这里吃什么东西过日子？

其实这里也不是完全没有东西吃，也不是只有盲鱼这一种动物。这里还有蝙蝠、盲虾、洞蟋蟀、洞蜘蛛和一些叫不出名字的昆虫呢。成群结队的蝙蝠，每天都会积累大量粪便，给洞穴生物提供丰厚的有机养料。而暗河水里冲带来的其他物质，多多少少也能维持生命。从蝙蝠到盲鱼，以及别的洞穴生物，结成了一条特殊的食物链，能够保证它们生存下去。由于它们生活在黑暗无光的地下，所以身体里面的新陈代谢也变缓慢了，不需要很多食物也能够勉强生存下去，可不要用一般的眼光来看这个问题呀。

盲鱼不像行动不便的瞎子，动作非常灵敏，在水里游得很快，能够躲避障碍和敌人，要想抓住它可不容易。

暗河的天窗

太阳偏西了，一天的暑气渐渐散尽了。村里的大嫂、小姨们，提着水桶，端着盆子，嘻嘻哈哈聊着天，到河边洗衣服去了。

你想跟着她们，顺便也在小河边洗衣服吗？可要紧紧跟住她们，不然就只能竖起耳朵东听西听，仔细寻找了。

咦，这可奇怪了。谁要去小河边，笔直朝那里走就可以了。天还没有黑，明明白白一条小河，难道会看不见？又不是瞎子，干吗要竖起耳朵听？

你不信么？就请你试一下吧。等洗衣服的姑姑嫂嫂们走了一会儿，你再出村去寻找，十有八九找不着。

村边的田野静悄悄的，几乎听不见一丁点儿声响。田野间的地势很平，一眼就能望穿。抬头一看，四面都是石头屏风一样的山丘，挡住了视线，把中间一块平地包围得紧紧的，似乎和外界无路可通。再一看，这里除了周围的小山，就只有中间一个平坝子，哪有什么河流？那些洗衣服的妇女到哪里去了？难道人间蒸发了不成？

不熟悉当地情况的外来者，直到这个时候才明白，如果慢一步出村，要想找到她们有多么困难。

知识点

1. 接近地面的暗河，常常有天窗。

2. 暗河天窗取水很方便。

3. 石灰岩地区的一些村寨常常分布在暗河天窗旁边。

怎么办？竖起耳朵听吧。

仔细一听，听见她们银铃一样的笑声，从身边不远的地方传来。奇怪的是看不见她们的身影，她们仿佛都变成了隐身人。外来者怀着好奇心，顺着笑声找过去，这才发现了秘密。原来那块平地露出一个

广西凤山三门海核心景区，俯瞰三门海天窗群1号天窗。（覃江英/FOTOE）

很大的地窟窿，一条石板小路直通下去，想不到底下居然藏着一条地下暗河。黑沉沉的河水从这个地窟窿下面流过，水势非常平静，没有一丁点声音。那些洗衣服的妇女正在暗河边，一边说说笑笑，一边动作麻利地洗衣服。

走下去再一看，可以看见更多的情况。一些村民在这里乘凉聊天。还有几个放牛娃，牵着大牯牛在这里饮水。

外来者不明白了。这里怎么会有一个地窟窿？下面怎么会有一条暗河？

这位外来者的迷惑很容易说清楚。石灰岩地区到处有暗河，有的深，有的浅，一点也不奇怪。有的暗河顶部坍塌了，生成一个个天窗，使下面的暗河水能够见到阳光，一点也不奇怪。

石灰岩地区常常缺乏地面河，有一条暗河出露，再好也没有了。人们生活离不了水，所以一些村寨常常修筑在这些暗河天窗旁边，无论取水还是洗衣服，都很方便。另外，广西地处亚热带，天气很热，这里也是乘凉的好地方。

无头无尾的山谷

俗话说，水有源，树有根。自然界里的千沟万壑，总有源头，也有去向，首尾分明。想不到我在广西西部山中旅行时，却闯进了一条无头无尾的沟谷。

这件事要从一个山谷、一条小河和一个老汉说起。

那一次，我在山中迷路了，找不到出山的路，毫无目的乱闯了一阵，仿佛闯进了迷魂阵，越走越不对劲，完全失去了方向。最后，我精疲力竭地翻过一个山垭口，希望站在高处看得更远，可以找到一条出山的路。

站在这里放眼一望，面前展开一幅新的图景。只见脚下有一个陌生的山谷，谷内有一条小河，不知流向什么地方。我心里想，河水总有出路，想必会通往远方。如果跟着这条小河走，没准就能走出这一片乱山。

我打定了主意，正要举步前进，迎面忽然来了一个老汉，心想他必定经验丰富，向他打听准没有错。

想不到他听了我说后，摇着头对我讲："这是一条没头没脑的山谷，前面没有出路。"

我一听，怔住了。有河水，就有去向，怎么会没头没脑呢？

他说："河水有流向，山谷可不一定。你顺着这条河走不出去，山谷也会挡住你的路。"

我越听越不明白了。一会儿是河水，一会儿是山谷，互相纠缠在一起，叫人越听越糊涂。看来这个老汉似乎有些老糊涂了，不是河水和山谷没头没脑，而是他自己说的话有些没头没脑。

知识点

1. 石灰岩地区的地下暗河和地表河流可以相互转换。

2. 盲谷是死胡同。

广西壮族自治区大新县，桂南喀斯特地貌与明仕河。（李昉 /FOTOE）

　　我死死抱着有河水就有出路的想法，不听他的劝告，向他告别后，自顾自迈开步子走下山谷，顺着那条小河往前走。

　　我走呀走，抬头远远望见前面高高耸起一道陡崖，小河就是朝那里流去的，心里想着那个老汉的话，不由得有些犯疑，不知前面还有没有路。可是我转念一想，又觉得自己多虑了。

　　俗话说："山不转，水转。"又有前人说："山重水复疑无路，柳暗花明又一村。"山是山，水是水，死板板的山怎么能挡住灵活的水呢？别看面前这道陡崖似乎挡住了去路，河水总会有办法绕过去的。要不，水流也会被截断，早就积蓄成湖，不能继续往前流了。

　　想到这里，我的思想又放开了。接着往前走吧，船到桥头自然直，怕什么？我琢磨着这条小河绕过前面那道陡崖，必定会生成一条幽深的峡谷。不是一线天，就是夹皮沟，风光想必比长江三峡还雄伟壮观。有这一路好风景作为补偿，便抵消了迷路的苦恼和劳累，也算不吃亏了。

我怀着无限激动的心情，顺着小河迈开大步，兴冲冲地直朝前面那道陡崖走去，指望走到那里就山回路转，进入一个奇妙的新天地。谁知到了跟前一看，我一下子傻眼了。陡崖还是陡崖，好像一堵高不可攀的墙壁挡住了去路，再也不能往前走一步了。

那条小河呢？

唉，真叫人气破了肚皮。想不到它竟咕噜噜灌进了一个黑乎乎的地窟窿。除了一阵阵仿佛嘲笑我似的水声，再也没有一丁点儿踪影了。

面对着这道巍巍的陡崖和深不可测的地窟窿，我不知道该怎么办才好。我没有崂山道士穿墙而过的法术，也不是神通广大的土行孙，既不能钻过崖壁，也不能钻进地下。我只能长长叹一口气，一身软瘫似的坐在地上，好半天也回不过神来。

冷冰冰的崖壁仿佛宣告，此路不通。从哪里来的，还得回到哪里去。我只好老老实实往回走，走到那个山垭口，再打别的主意。

这时候，我才想起了那个老汉的忠告，后悔没听他的话。

唉，不听老人言，吃亏在眼前。

这种无头无尾的山谷叫做盲谷，是一种常见的喀斯特地貌。

在石灰岩山区，地下暗河常常流出来成为地表河流，又通过一个落水洞回归地下，形成伏流和明流相互转换的特殊现象。有了这种地貌条件，就能形成一个死胡同似的盲谷了。

"仙人对弈"的遗迹

喂，朋友，你知道人类是什么时候开始下围棋的吗？考察者获得了惊人的答案，正报请有关方面批准，写进世界棋艺史，提供给全球棋手和爱好者研究。

那么，围棋到底是如何起源的？

是黄帝发明围棋的古老传说？

是樵夫王质观看仙人对弈的烂柯故事？

是河北望都东汉墓出土的十七路棋盘？

是敦煌古城挖出来的黑白棋子？

是《论语》《孟子》《左传》中用作譬喻？

是南北朝九品等级划分？

是东晋谢安面对淝水之战，还悠悠闲闲对弈？

是超级棋迷赵匡胤对陈抟老祖，输掉华山？

不，统统不是。根据考察者的发现，人类下棋的由来，比世间流传的所有围棋故事都早得多。

这是考察者无意间在广西山野里发现的。

那一天，考察者进入一处石灰岩山区考察，气喘吁吁地爬上山坡，坐在路边休息的时候，无意中低头一看，瞧见一幅奇景。只见脚下山洼里，有一片开阔

知识点

1. 岩石被挤压受力后，能够产生"X裂隙"。

2. 在石灰岩地区，水流沿裂隙溶蚀，生成溶沟和石芽。

3. 溶沟、石芽受地表裂隙控制，排列整齐。

广西环江毛南族自治县莫□□□喀斯特地貌。(梁富盈/CFP)

的平地。地面露出一条条纵横交错的石头浅沟，中间隔着一条条鼓起的石脊。每根线条都是笔直的，整整齐齐互相平行排列，组成一个巨大的方格状图案。

咦，这是什么东西？

这是天然形成的，还是人工刻凿的？

好好一片平平整整的岩石表面，怎么可能生成这个样子？不是天生的，就必然是人为的。

如果是人为的，需要耗费多大的力气？

为什么在这个荒凉的山坳里，刻凿这个方格图案？

是疯子，是傻瓜，还是皇帝逼着干的苦役？

不，都不可能呀。

考察者抱着脑袋想了又想，忽然开了窍。

哇，这是一个天然棋盘！世界上哪有这样坚硬的棋盘？哪有这样古老的围棋？必定可以列入《吉尼斯世界纪录大全》，成为世界之最。

啊，考察者也一下子出名啦！他下一步计划写一本《石头方格之谜——世界最早棋盘发现的故事》，自然能够一炮走红。

这个消息发布后，立刻引起反响。下面记录几位热心社会学者的评论，提供给广大读者细细欣赏。

一位教授拍案称奇说："这还有什么好说的？当然是世界之最，可以列入《吉尼斯世界纪录大全》。古老坚硬的岩石，不仅证明五千年前黄帝发明了围棋，还证明当时已经掌握了高新技术。为什么这样说呢？因为青铜、生铁都不能切削如此坚硬的岩石，很可能就是电动钢锯的结果。世界技术史也要改写了。"

一位研究员不以为然地说："从岩石的古老性质来看，这个石头棋盘的历史似乎还要早得多，可能刻画于恐龙时代。谁说恐龙是愚蠢的爬虫？没准是第一代智慧生物，比咱们人类聪明得多。"

一位博士听了后大摇脑袋，发表意见说："恐龙怎么会下棋？岂不是天大的笑话？这必定是外星人的遗迹，充分证明了围棋是外星人发明的，还有什么可怀疑的？"

得了，别丢人现眼胡乱诌了。这是石灰岩地区常见的溶沟和石芽。凹下的是溶沟，鼓起的是石芽。当地岩石在远古地壳活动中受力后，产生了两组互相平行排列的裂隙，地质学术语叫做"X裂隙"。这是水流沿着裂隙向下渗透，逐渐溶蚀石灰岩而产生的一种溶蚀现象。其中，被溶蚀部分叫做溶沟，相对突起的部分叫做石芽。

永不凋谢的岩石花朵

世界上有永不凋谢的花朵吗？

有！那是溶洞里的钟乳石花。

世界上有能够自我造型的花朵吗？

有！那是溶洞里的钟乳石。

世界上有会奏乐的鲜花吗？

有！那是溶洞里的钟乳琴。

啊，美丽的钟乳石花，是真正的永不凋谢的花朵。它们的形态千变万化，奇特得出乎人们的想象，好像一个个都是魔法的杰作、幻想的结晶。

你看，有的钟乳石花像含苞欲放的牡丹和玫瑰，有的像珊瑚枝，有的像野葡萄，比真正的花朵更加多姿多彩，难怪人们要把它和鲜花相比，当成绽放在地下深处的神秘石花。

钟乳石花不惧秋风，不畏冬雪，千万年开放在幽暗的地府里，从来不会零落凋谢。世间的百花，谁也没法和它相比。

你以为钟乳石花一片灰白色，没有一些变化吗？

不，你想错了。由于水滴内含有不同的杂质，它可以像水仙花和玉兰花那样洁白，也能像菊花一样纯黄，或者像月季花似的泛出一片淡淡的娇红，甚至还有紫罗兰般的浅蓝色彩。这些天然岩石花朵色彩丰富，完全可以和真正的花卉争奇斗艳。

敲开一根钟乳石，可以瞧见一圈圈同心圆状的花纹。这是什么？是谁悄悄在它的内部画出来的？这是它的特殊的"年轮"呀！

树木才有年轮，没有生命的钟乳石怎么会有同样的"年轮"？

有的！大自然在历史运行中，对生命和非生命一视同仁，都能够让它

广西阳朔聚龙潭景区，溶洞内的钟乳石。（朱国平/FOTOE）

们留下时间流动的痕迹。藏在溶洞深处的钟乳石也不例外，自然也能生成记录时间流动的"年轮"，默默向人们报告自己的年龄。

这是碳酸钙一次次沉淀生成的。一层又一层钟乳石，粗细不等，反映了沉淀速度的快慢，和石灰岩溶解程度的难易，好像树木年轮宽窄的冬夏记录，岂不也从另一个角度反映出古时气候变化的情况吗？谁想抹掉往昔的时间进程和气候历史，是不可能的。

美丽的钟乳石，永不凋谢的岩石花朵，比真正的鲜花更加绚丽、神奇、可爱，难道不是这样吗？

钟乳石是碳酸钙沉淀形成的。根据它生成的部位不同，可以分为悬挂在洞顶的石钟乳、耸立在洞底的石笋、石钟乳和石笋相互连接的石柱、含碳酸钙的水流沿着洞顶整个裂缝带溢流出来而生成的幔状钟乳石（又叫石幔）、含碳酸钙的水流沿着倾斜的地面漫流而形成的石梯田（又叫边石坝），类型多极了。

地下音乐厅

一天，我钻进一个山洞，忽然听见一阵悠悠扬扬的琴声，觉得非常奇怪。

咦，这是怎么一回事，谁躲在这个黑黝黝的山洞里弹琴？会不会是做梦？会不会是听错了？

我侧着耳朵再一听，没有错呀！洞的深处果真传出了清脆的琴声。虽然声音不成调子，却一声高一声低，听得清清楚楚。在这一团漆黑里，我心里不由得有些发怵，加上洞里散发出一股股冷飕飕的凉气，以及听来的一些洞中妖魔鬼怪的传说，我的背心也有些发凉了。要说没有一丁点害怕，那是不可能的。

接着往前走，还是后退？我有些拿不定主意。正在这个时刻，那个

广西桂林阳朔"蝴蝶泉"内的钟乳石溶洞奇观。（强子 /CFP）

神秘的琴声又从山洞深处传了出来，使我的心不能平静。

这到底是什么声音？是不是真有一个爱好音乐的琴师，躲在洞里弹琴？我经不住好奇心的吸引，低头想了一想，大着胆子往里迈步走进去。想不到刚刚走了几步，身边忽然传来"当"的一声，吓得我转过身子就跑，一只鞋子也跑掉了，再也不敢进去看一眼。

这件事传出去，引起一些社会人士的关心。他们纷纷打来电话，发表他们的意见。

有教授猜测："可能是一位隐士吧？隐士喜欢住在人迹罕至的山洞里，静静地修炼，还喜欢高雅的音乐，躲在洞里弹琴自我欣赏，就一点也不奇怪了。"

有研究员点头说："民间传说宁可信其有，不可信其无。住在当地的老人经验丰富，总比外来者了解情况，没准真有妖魔鬼怪。"

有博士发表意见："外星人，只有外星人才能解释这个秘密。这个山洞很可能是外星人的秘密基地。那些不成调子的琴声，就是地球人没法欣赏的外星乐曲。"

别信那些冒牌专家的鬼话。这是石灰岩溶洞里的一种特殊的钟乳石发出的声音。原来这些钟乳石是空心的，轻轻一敲，就能发出音乐般的声音。有人掌握了它们的特性，还能敲打出一支支美妙的乐曲呢。

大旅行家徐霞客也见识过这种神秘的"琴声"。有一次，他在一条河边，瞧见一个进口很窄的洞穴，钻进去仔细调查，发现了一个奇怪的钟乳石，轻轻一敲，就发出了响声。徐霞客觉得很有趣，就给它取名为"响石"。

唉，我的胆子太小了，应该顺着"琴声"传来的方向，进去认真看一看。

坚不可摧的石头"大厦"

世界上最古老的房屋是什么？

是石器时代的原始遗址，还是青铜时代的废墟？

不，我们要说的"房屋"的历史，少则几万年，多则几十万年，甚至上百万年，不知经历了多少世间春秋，比所有的原始遗址都古老得多。

世界上最高的"大厦"是什么？

是古老巴比伦的"空中花园"，还是现代大都市的摩天大厦？

不，我们要说的"大厦"，有的高达好几百米，高高耸立在平地上，人间任何高楼大厦也没法和它相比。

世界上最坚固的"建筑"是什么？

是中国的万里长城，是埃及的金字塔，还是古代的石头城堡？

不，大自然里有一种鬼斧神工的"建筑"，经得住风吹雨打、地震摇撼。即使用大炮轰，它也纹丝不动。请问，还有什么建筑比它更加坚固？

人们忍不住会问："喂，别猜哑谜了。赶快告诉我，这是什么神奇的建筑？修建它的建筑师是谁？我们家也要建筑房子，请他来设计施工该有多好！"

噢，别东猜西猜啦。这不是真正的房屋，不是任何能工巧匠的杰作，而是一座座带窟窿眼的石灰岩山峰。人间的建筑物哪有它那样古老，那样高大，那样坚固？

看吧，石灰岩山区的许多山峰，常常露出许多大大小小的洞口，高高低低分布在崖壁上，

知识点

1. 石灰岩地区有溶洞成层分布的现象。
2. 多层溶洞是地壳多次上升的结果。

活像一层层敞开的"窗户"。远远看去，整座山就像一座拔地而起的大厦。

这些高高低低的山洞可以上下相通吗？

当然可以。走进山洞一看，发现它们真的能够相通，好像有一道楼梯互相连接在一起似的。它的内部结构，简直和真正的楼房完全一样。

这种天然"大厦"里也有"居民"吗？

有呀！有趣的是山洞里不仅有成群的蝙蝠和一些洞穴小动物，还有原始人留下的化石和石器。看了它的"户口簿"，谁还会怀疑它不是世界上最古老的"房屋"呢？

成层分布的洞穴是地壳一次次上升的产

广西罗城怀群镇，怀群穿岩。（杨兴斌/FOTOE）

物。每一层溶洞，就是当时的一条暗河流经的通道，后来地壳上升，暗河水渗透进更深的地下，在下面开辟了新的"楼层"。留在上面的空洞，就会在崖壁上露出黑黝黝的"窗户"。

啊，原来是这么一回事。只消数一数有几层溶洞，就能知道这里地壳上升了几次。

地下迷宫历险记

唉，我总是改不了冒里冒失的性格，在一个地下洞穴里经历了一段心惊胆战的险情。事后回想起来，心还怦怦直跳。

那一天，我约了几个同样性情冲动的伙伴，闯进了一个巨大的地下迷宫。我们已经在这一片石灰岩山野里考察了好几天，见识过许多溶洞，积累了一些经验，早已消除了对幽暗的洞穴的神秘感和畏惧感，不会把探洞再当成一件了不起的大事，老是放在心上了。可是眼下这个洞与众不同，令人终生难忘。

请看这个洞吧。里面一个洞厅连通一个洞厅，一条洞廊接着一条洞廊，结构复杂极了。站在一个圆弧形的洞厅里朝周围一看，四面八方都是分叉的洞廊，不知道伸展到地下深处什么地方。更加使人迷惑的是，这些洞廊大小相同，形状相似，猛一看，几乎没法分辨出一丁点差别。如果不小心走错了路，钻错了一条洞廊，就会越走越远，钻进一团乱麻似的洞穴网络系统里面，别想一下子钻出去。

万一困在里面出不来，怎么和外面联系？时间长了吃什么东西？在哪里安身过夜？用完了手电筒里的电池，点完了手里的火把，当地下世界永恒的黑暗突然降临时，应该怎么办才好？头顶凹凸不平的洞顶上，悬挂着无数可以碰得人头破血流的钟乳石；脚下同样凹凸不平的地面，张开了无数可怕的落水洞和陷阱，一失足便成千古恨。面对一片黑茫茫，不敢挪动一步，叫天天不应，叫地地不灵，怎么办才好？

一连串的问题困惑着我们，大家心里立刻紧张起来。不消说，带头的我更加紧张。

啊，这是一个地下迷宫呀！大家一下子想起许多有关这种地下迷宫的恐怖故事。想不到自己会成为这种故事的主角，心里能不紧张吗？

有人害怕了，对大家说："回去吧，别困在里面出不去。"

往回走，还是接着往前走？大家你看着我，我看着你，一时拿不定主意。

作为带头人的我大大咧咧地说："别害怕，对付这种迷宫型的洞穴，最重要的是记清楚进洞的路。只要记住了，沿着原路退回，就没有太大的问题。"

一起来的两个伙伴压根就不想打退堂鼓，听我这么一说，也鼓起勇气说："走吧，怕什么？不好好看一下这个地下大迷宫，才不合算呢。"

话是这样说，现在摆在大家面前需要解决的问题，是怎么弄清洞里的路线，才好放心大胆继续前进。

广西桂林钟乳溶洞。（上弦月/CFP）

有人说："我看过一本书，用一个大线团，边走边放。跟着线团走，就不会在迷宫里迷路了。"

另一个人说："边走边撒糠皮，或者撒麦粒也行。"

我听了摇头说："哪有现成的线团和糠皮、麦粒？即使有一个线团，也没有那么长。干脆用粉笔在转弯的地方画箭头吧。跟着箭头走，保证不会迷路。"

大家一听，认为我的办法很实际，很快就议定了。由于大家抵抗不住神秘的地下迷宫的诱惑，便放心大胆往里走了，派一个人跟在后面，边走边用粉笔画箭头，以为这样就保险了。

这样不知走了多久，也不知钻到了什么地方，有人低头看了下手表，不由得吃了一惊。哎呀！想不到时间过得这么快，洞里看不见太阳，分不清时间，不知不觉已经到了傍晚时分。大家只好转过身子往回走，满以为顺着画了指示方向的箭头，很快就能钻出去。想不到我们顺着拐角处的一个个箭头转来转去，又转回到原来的地方了。

糟糕！遇着"鬼打墙"了。野外探险最害怕遇到这种情况，弄不好会带来难以想象的危险。

这是怎么一回事？明明画了指路的箭头，怎么会发生这种怪事？莫不是真的遇着了"鬼打墙"，有什么看不见的妖精和我们捣乱？

我再仔细一看，看出问题来了。原来做记号的伙伴一时疏忽，犯了一个低级错误。只画箭头不编号，分不清先后顺序，怎么知道该往哪里走。由于处在地下深处，手机也没有信号，没法向外面呼救，后悔也来不及了。多亏在洞外等待的伙伴发觉情况有些不对劲，点燃火把找进来，才把我们搭救出去。

地下溶洞非常复杂，进洞探险必须考虑到一切意外情况，做好各种安全准备。迷宫型溶洞特别危险，应该边前进边设置可靠的指路标记，不能粗心大意。

迷宫型溶洞往往沿着好几个方向的裂隙延伸，掌握住这个特点，也能想办法脱身。

知识点

1. 迷宫型溶洞常常洞套洞，结构非常复杂。
2. 迷宫型溶洞顺着几个固定的方向伸展。
3. 进入迷宫型溶洞应该边前进边绘图，或者布置可靠的标志。

冷洞和热洞

夏天的太阳好像熊熊燃烧的火炭团，高高挂在头顶，晒得人没有地方躲藏。赶快回家，打开空调避暑吧。

偏僻的山野里没有空调，怎么办？

遥远的古代还没有发明空调，又该怎么办？

愁呀，实在愁坏了人。

山里的放羊娃说："嗨，这有什么不好办的？钻进山洞就凉快啦。"

古时候的人也说："是呀。山洞里比外面凉爽，是躲避暑气最好的地方。"

说得对，山洞里比洞外凉爽得多，人们早就知道了。只要一脑袋钻进山洞，没有空调也能度过炎热的夏天。

世间确实有这样奇妙的地方，不用花钱买空调，也可以享受天然冷气。

有的山洞很冷，里面不仅有天然冷气，还会结冰呢。如果不穿羽绒衣，不冻得发抖才怪。这样的洞叫做冰洞。聪明的人们利用山洞的这个特点，将它作为天然冷藏仓库，再好也没有了。

结冰的冰洞一定在高高的"世界屋脊"上吧？那也不一定。有的山区虽然地势不算太高，但也有冰洞分布。如果稀里糊涂钻进去，准会冻得够呛。

话说到这里，还必须提醒一下。别以为所有的山洞都很凉爽，有的洞不仅不凉爽，还很热呢。人们冒里冒失钻进去，不但不能

知识点

1. 山洞温度一般比外面低，也可以做天然冷藏仓库。

2. 洞口朝上的密闭山洞，冷空气下沉，能够聚集起来形成冷洞，甚至冰洞。

3. 洞口朝下的密闭山洞，热空气上升，能够聚集起来形成热洞。

桂林新景——世纪冰川大溶洞（SJ/CFP）

避暑，反倒会热得满头大汗。情愿在外面晒太阳，也不想再钻这个热洞了。

山洞里面比外面凉爽，大家都知道。可是为什么还有冰洞和热洞呢？除了有的冰洞坐落在高山上，山上的温度本来就很低的原因，还有其他的因素。其中一个重要原因就是洞的形状。

如果山洞的洞口朝上，洞身朝下，好像一个密闭的大口袋，由于冷空气比重大，会顺着洞身下沉，一直沉降到洞底，慢慢聚集起来。当里面的温度下降到一定程度时，洞里的水汽就会逐渐结冻，形成特殊的冰洞。

与此相反，如果山洞的洞口朝下，洞身朝上，由于热空气比重轻，也会在密闭的洞内逐渐聚集，热得叫人受不了。

洞穴学家仔细研究了一些冰洞，发现除了上面的成因，还有别的原因。在远古冰川时代，气候非常寒冷，洞穴外分布着巨大的冰川，洞里也结冰了。后来气候虽然发生了变化，外面的冰川消失了，但是由于山洞的特殊条件，厚厚的冰层还能在洞里保存，成为特殊的"化石冰洞"。

当然，地处暖温带和亚热带的中南地区基本上没有冰洞，热洞却有的是，当心一下子闯进这样的"地下火炉"呀。

山洞里的"珍珠"

号外！号外！天大的号外！我打开了阿里巴巴的宝库。

这件事还得从头说起。

那一天，我走进广西西部大瑶山深处一个偏僻的瑶族村子里，向坐在村口大树下的一位老奶奶打听："请问，这里有什么稀奇事情吗？"

老奶奶笑眯眯地说："有呀，对面山上一个洞里，就有你想不到的东西呢。"

我问她："是什么东西呀？"

老奶奶说："宝贝呗。"

我又好奇地问："到底是什么宝贝？"

老奶奶很神秘地说："我说了，你也不会信。你自己去看看吧。"

我不放松，接着问："我可以拿出来吗？"

老奶奶摇摇头，提醒我："不，你只能在里面看，不能带出来。"

我紧紧追问："为什么？"

老奶奶说："我也不知道为什么，可是这些宝贝见了阳光就一个铜板也不值了。"

听老奶奶这样一说，我决定要进去仔细探看一番。

我抬头一看，对面山腰真有一个黑黢黢的洞口。它好像一只又大又圆的黑眼睛，高高在上望着我，似乎对我说："来吧，准会叫你大开眼界。"

我怀着激动的心情一口气就

知识点

1. 洞珠是碳酸钙和泥土混合形成的。

2. 含不同杂质的洞珠，颜色也不一样。

广西阳朔银子岩属层楼式溶洞，有音乐石屏、广寒深宫、雪山飞瀑"三绝"和佛祖论经、独柱擎天、混元珍珠伞"三宝"等景点。（CFP 供稿）

爬上了那座山，一脑袋钻进了山洞。往里面七弯八拐走了一阵，也不知道走了多远，最后闯进一个幽暗的小小洞厅。我揿亮手电筒一看，简直不敢相信自己的眼睛了。

哇，这个洞顶挂满钟乳石，四周几乎密不透风的洞厅里，遍地铺满了亮闪闪的珠子，好像大大小小的珍珠。随着手电筒光线照射，一颗颗珠子闪烁着异样的亮光，把我的眼睛和心完全迷住了。

啊，这竟是一个神话般的宝库呀！我的心禁不住怦怦狂跳着，连忙装了满满一大口袋，欢天喜地跑了出来。

噢，想不到我刚刚跑出洞口，迎着阳光抓起一把珍珠一看，不由得一下子傻眼了。

在金光灿亮的太阳光下，所有的珠子都失去了光泽，变成了一堆毫不起眼的土疙瘩。老奶奶的话说得对，这个山洞里的珍宝不能随便带出来，否则就会一文不值。

这到底是怎么一回事？几位不管什么事情都喜欢胡乱评说的专家，各自发表了意见。

一位教授想也不多想一下就说："《天方夜谭》的故事是真实的，这很可能就是传说中的阿里巴巴的宝库。"

一位研究员说："《天方夜谭》的故事发生在阿拉伯，怎么会在这里？可能是当地一个和阿里巴巴一样的宝库。"

一位博士说："也许是山神爷显灵吧？"

这不是什么山神爷保护的珍珠，而是一种稀罕的洞珠。

洞珠是碳酸钙和泥土混合形成的。含丰富碳酸钙的水滴，从洞顶裂隙里滴落下来，和泥土混合在一起，就能慢慢形成这种奇异的珠子。掰开它一看，里面是一层层的，是一次次碳酸钙沉淀生成的。

洞珠有不同的颜色。含碳酸钙很纯的洞珠，是雪一样的乳白色。含有别的杂质的洞珠，会变成黄的、红的、棕色和其他各种各样的颜色。

洞穴测量 ABC

地下溶洞神秘兮兮的,使人有些琢磨不透。进洞的人常常两眼一抹黑,不知道它的那些大大小小的洞厅藏在哪里,弯来拐去的洞廊怎么伸展,总不免会有些畏惧感。

地质学家对大家说:"别担心,进洞以前就能查明情况,做到心中有数。"

大家有些不相信,这是真的么? 当然是真的。

他走到一个洞口旁边,仔细看了看洞外的崖壁,说:"这个洞里的洞廊主要沿着北东45度方向延伸,还可能向北西310度方向转弯。"

咦,这是怎么一回事? 难道他有魔法眼睛? 可以看穿石头吗?

他指着崖壁笑嘻嘻地说:"我哪有什么魔法眼睛? 这是它告诉我的。"

大家鼓起眼睛一看,起伏不平的崖壁上什么东西都没有。他是不是开玩笑,故意欺骗大家?

"不,"地质学家说,"我没有开玩笑,这是崖壁上的裂隙透露的消息。"

经过地质学家的指点,大家这才看清楚,崖壁上纵横交错的裂隙似乎有一定的方向。

地质学家说:"石灰岩层里的溶蚀作用,总是沿着裂隙进行的。只消把这里的主要裂隙延伸方向弄清楚,就能够预先知道洞内的情形。"

为了研究得更加清楚,地质学家教会大家在洞外认真测量出一条条裂隙的延伸方向,再用统计的办法,计算出什么方向的裂隙最多,用量角器和直尺画在一张坐标图上,画出裂隙方向玫瑰图,一看就一目了然了。

大家高兴地说:"有了裂隙方向玫瑰图,心里就有数了,不会再抓瞎,两眼一摸黑了。"

为什么这样说? 因为洞廊顺着裂隙伸展,洞厅出现在不同方向裂隙交会的地方。只要掌握住几组不同的裂隙方向，分清楚主次关系，就能够大致摸清洞内的裂隙和洞厅的分布规律了。

啊，原来这么容易。难怪地质工作者还没有进洞，就能基本掌握情况。

洞穴调查这就够了吗？

地质学家说："不，为了彻底弄清情况，还必须画一张溶洞图才行。"

溶洞图有三种，包括溶洞平面图、横剖面图和纵剖面图，测量方法都很简单。

溶洞平面图是这样画的。

进洞的时候，先在洞口中央定点，作为测量的起点，画在图纸上。然后从这里到可以看见的下一点，用罗盘定好方位，拉着皮尺测量两点之间的距离，作为基本导线，也按照比例画进图纸。在基本导线上，再根据实际需要，引出一条条辅助导线，通向侧面的一些辅助测点。这样一段段测量，一段段画上图纸，一张完整的溶洞平面图就画完了。

在画溶洞平面图的同时，沿着全洞的基本导线，测出上面不同测点之间的俯仰角，标上测点之间的距离，纵剖面图就完成了。

广西乐业罗妹洞风景　（佳佳/FOTOE）

横剖面图更加简单。可以拉皮尺实测，很容易就能画出来。

话虽然这样说，实际操作却还有许多困难。测量纵剖面图，需要测量洞穴高度。有的地方不高，很容易测量。有的地方很高，爬也爬不上去，怎么测量呢？

搭梯子上去吧。那可不成。有的洞顶起码有好几十米高，怎么安放梯子？再说，在洞里搭梯子，也很不安全。

不能爬上去，用眼睛目估高度可以吗？

不成！目估的误差太大了，谁敢相信这个数据？

现在给大家介绍一个非常简单的办法。先叫一个人用手电筒直射洞顶，站在洞顶下面；另一个人站在远处，也用手电筒射着洞顶，两股亮光交会在一起，作为直角三角形的对边和斜边。再在两个人之间拉皮尺测量出水平的邻边的距离，测出斜边和邻边之间的夹角。最后运用三角函数的公式，就可以准确计算出对边，也就是溶洞的高度。

洞穴调查不能只用文字描述，必须进行一些实际测量。除了上面介绍的几种办法，再讲几个最基本的测量方法吧。

怎么测量洞口的朝向？站在洞口两侧连线的正中央，手持罗盘与连线成直角，测量出洞口朝外的方位角，确定洞口朝向。

怎么测量洞口距离地面的高度？使用专门的仪器，或者在地形图上确定洞口所在位置，再读等高线，可以计算出洞口的海拔高度。再实地测量洞口和当地河面或地面之间的高差，得出洞口的相对高度。

知识点

1. 溶洞里的洞廊沿着岩层裂隙发育，洞厅生成在几组裂隙交叉处。

2. 溶洞图包括溶洞平面图、横剖面图和纵剖面图三种，有各自不同的测量方法。

3. 从地形图可以计算洞口的海拔高度和相对高度。

悬崖"蜘蛛侠"蛤蚧

"蛤——蚧，蛤——蚧······"

听呀，什么东西在叫?

"蛤——蚧，蛤——蚧······"

声音高高的，好像是从头顶上传来的。

两个孩子顺着声音找来找去，一直找到一处悬崖绝壁前，"蛤——蚧，蛤——蚧"的叫声，就是从高高的悬崖上传来的。

一个孩子猜："是不是鸟儿叫?"

另一个孩子说："哪有这样难听的鸟叫声? 没准是一只青蛙。"

头一个孩子说："青蛙怎么会爬上悬崖陡壁? 莫非是一个妖怪?"

提起妖怪，两个孩子就有些害怕了。太阳快要落坡了，天色越来越暗，如果真的钻出来一个妖怪，准会把他们吃掉。

"蛤——蚧，蛤——蚧······"

头顶上看不见的怪物又叫起来了，声音又大又难听，好像是有意冲着那两个毛孩子叫的。

"蛤——蚧，蛤——蚧······"

那个怪物的声音越来越大，像是慢慢爬下来了。它是不是看见了两个孩子，要来抓他们?

两个孩子很害怕，但又想看一下到底是什么东西。他们怀着强烈的好奇心，悄悄躲在大树背后，大气也不敢出一下。他们手里拾了一些石头，等着那个怪物下来。

"蛤——蚧，蛤——蚧······"

那个怪物趁着昏沉沉的暮色，终于一步步爬下来了，一直蹿到两个孩

蛤蚧，多栖息在悬崖峭壁的洞缝，个别也居住在树洞里。（沙忆 /FOTOE）

子的跟前。两个孩子吓得心脏怦怦直跳，使劲拭了一下眼睛，这才看清楚。

噢，哪是什么妖怪，原来是一只大壁虎。

"蛤 —— 蚧，蛤——蚧……"

那个怪物生气地说："我不是壁虎，是蛤蚧。"

一个孩子胆怯地问它："你有没有毒牙，会不会咬人？"

蛤蚧说："放心吧，我只抓小动物吃，不会咬你们。"

蛤蚧和壁虎是亲戚，但不是我们平常看见的壁虎。它的个头比壁虎大得多，大约有 20 厘米长。它脑袋很大，身上布满斑斑点点，尾巴上有一条条宽宽的横条纹。请问，谁见过这样的壁虎？

蛤蚧不是真正的壁虎，爬悬崖陡壁的本领却一点也不比真正的壁虎差，是名副其实的"蜘蛛侠"。广西的石山很陡很陡，却一点也难不倒它。它特别喜欢躲在笔陡的石壁上，钻进石头缝里藏起来，谁也甭想在这里抓住它。它有时候也喜欢钻进树洞，哪里有缝，就往哪里钻，真是一个无孔不入的家伙。

蛤蚧很会保护自己，大白天不会出来，只有等到晚上黑乎乎的时候才悄悄钻出来，到处找东西吃。它主要吃昆虫，有时候也趁鸟儿不防备，钻进高高的鸟窝抓小鸟。它肚皮饿坏了的时候，也抓其他的蜥蜴兄弟吃。

它抓别人，别人不想抓它吗？它可狡猾了，人们快要抓住它的时候，它会像别的蜥蜴一样，自己断掉尾巴迷惑敌人，施展一个舍车保帅的计策。

七百弄之谜

我稀里糊涂闯进广西西部山区，发现一个古怪得不能再古怪的地方，想不到地球上居然还有这样古里古怪的角落。

我站在一个山头上放眼一看，只见四面八方到处都是凹坑，一个紧紧挨着一个，活像一个特大号马蜂窝。我绞尽了脑汁也想不出是怎么一回事，只有请教专家了。

一位教授看了看，点头说："你猜得不错，可能就是一个马蜂窝。要不，怎么会遍地都是窟窿眼？"

我不明白，请教道："马蜂窝哪有这么大？"

那位教授哼了一声，说："这个道理还不简单吗？有多大的马蜂，就有多大的马蜂窝。"

我再问："世界上哪有这么大的马蜂？"

那位教授正颜道："你的目光太浅显，只看得见现在的东西，不懂历史发展。这必定是亿万年前的古代马蜂做的窝。那个时候的恐龙比今天的大象大得多。什么动物都比现在的个头大，为什么不能有这样大的马蜂？"

我被这一番高谈阔论吓住了，嘴上唯唯诺诺，心里

知识点

1. 广西西部的七百弄地区，洼地密集分布，是一个地质奇观。

2. 溶蚀洼地和溶蚀漏斗不是同一种东西。

3. 在石灰岩地区，水对岩石的溶蚀作用，往往沿着一条条裂隙进行。

4. 溶蚀洼地和漏斗常常发育在 X 裂隙所在的地方。

5. 七百弄的秘密在于 X 裂隙特别密集。

广西壮族自治区河池市大化瑶族自治县七百弄乡的山林及马路。（黄焱红 /CTPphoto/FOTOE）

却还有一个疙瘩，忍不住又嗫嚅请教："马蜂窝在这里，马蜂到哪里去了？"

那位教授不屑地说："马蜂有翅膀，不能飞吗？再说，恐龙有化石遗留，难道马蜂就不能成化石吗？如果在这些地窟窿深处挖出一个马蜂化石，准能轰动全世界。没准还能找到马蜂卵，提取 DNA，培育出一只活的，张开翅膀到处飞，就更加了不起啦！"

一位研究员看了，提出另一高论："这都是火山口呀！如此密集的火山群，世间罕见。当时一起喷发，必定是一场奇观。"

一位博士最后发言，告诉我："这是外星人宇宙舰队对地球轰击的遗迹。从这些窟窿眼的密集程度来分析，可以初步断定是一种多孔连发火箭炮。想当年，神通广大的外星人必定把咱们地球当成打靶场，我们的家园有过外星殖民地的惨痛经历。"

我听了一个，赞同一个，最后不知道应该赞同哪一个，干脆统统记录在这里，供给大家评论学习。

地质学家看了说："这是普通的溶蚀洼地，只不过分布特别密集罢了。"

原来这里是石灰岩地区，溶蚀作用十分盛行，生成了许多溶蚀洼地。

这些溶蚀洼地看起来很像溶蚀漏斗，却不是溶蚀漏斗。因为这些洼地的底部还有次一级的漏斗分布，有的还有暂时性溪流，就不是溶蚀漏斗了。

为什么这里的窟窿这么多，分布这么密集？

首先要懂得它们形成的一个地质构造条件。在石灰岩地区，水对岩石的溶蚀作用，常常沿着地表裂隙进行，所以常常看见一个个溶蚀漏斗和洼地排列成串。地壳受力后，往往能够生成"X"式的交叉裂隙，互相垂直或斜交。这种现象在地质学上叫做"X裂隙"。

不消说，在这些交叉点上，水分对石灰岩的溶蚀作用更加强烈，经过长期作用，就能形成洼地。七百弄地区，岩体被挤压得特别破碎，X裂隙发育得特别密集，也就生成了特别密集的溶蚀洼地。人们把这里取名为七百弄，真是再形象也没有了。

这里只有700个溶蚀洼地吗？

不，人们认真数了一遍，250多平方千米面积内，就有大大小小1300个溶蚀洼地。其中最密集的一块25平方千米面积内，便有192个千姿百态的山峰和94个形态各异的洼地。这些洼地平均深度有105米，最深的达到300多米。有的较大的洼地里又套生着小洼地，形成一种奇观。

请注意，这些套生在里面的小洼地，往往就是真正的溶蚀漏斗。这里有许多溶蚀漏斗和溶蚀洼地混杂在一起，可要仔细区分。

珍珠贝和珍珠

　　淡淡的月光下，海上平平静静的，只有微微起伏的波浪，好像睡梦中的海姑娘在平静地呼吸。月光映照着海水，似乎给大海披了一条闪光的毯子，担心它着了凉。

　　这时候夜已经很深了，所有的精灵都睡着了。整天飞来飞去，不知疲倦的顽皮的风儿，也收起了翅膀，不再紧紧贴着大海的胸膛，鼓起一排排喧天响的波浪。到处静悄悄的，几乎没有一丁点声响。

　　这时候，谁也不会留神的角落里，忽然闪烁着一些微弱的亮光，映着淡淡的月光，多么柔和，多么安详。

　　啊，那是什么，是谁在海水里散发出光芒？

　　两个小姑娘觉得很稀奇，悄悄划着船去准备看一下。划呀，划呀，船桨轻轻拨动着海水，慢慢划到了那个地方。

　　噢，原来是一个张开的贝壳呀！两瓣贝壳里藏着一颗亮晶晶的珠子。就是它，映着月光闪着奇异的亮光。

　　一个小姑娘猜道："这是不是贝壳的眼睛？海水里的动物和咱们不一样，没准眼睛藏在贝壳里面呢。"

广西合浦珍珠贝壳。（CTPphoto/FOTOE）

　　"哈哈！"另外一个小姑娘笑了，告诉她，"你真傻，这是珍珠贝里的珍珠呀！"

　　第一个小姑娘问："这是它偷来的吗？"

第二个小姑娘说："珍珠贝不是小偷，海底也没有珠宝店。它能够在哪儿偷珍珠？"

第一个小姑娘说："海底有许多沉船，还有海底龙宫。是不是古代沉船打翻了珠宝箱？要不就是海公主不小心弄丢的？"

第二个姑娘告诉她："得了，我不想听你讲童话故事了。这是珍珠贝自己结出来的珍珠呀。"

知识点

1. 珍珠是珍珠贝产生的。

2. 珍珠贝十分娇气，只能生活在温暖的浅水里。

3. 如果一粒沙子掉进珍珠贝里，珍珠贝就能分泌出物质把它包裹住，慢慢变成了美丽的珍珠。

4. 我国早在西汉时期就会养育珍珠贝了，合浦地区的珍珠最有名。

两个小姑娘越看越喜欢，伸手想取贝壳里面的珍珠。想不到手刚刚伸过去，贝壳就一下子关闭得紧紧的，不留一丁点缝隙。

海上没有了珍珠的亮光，天空也一下子变得黑沉沉的。弯弯的月儿扯过一片薄薄的云，遮住自己发光的面孔。它是不是因为看不见水里的珍珠，觉得夜晚的大海很乏味，自己也想睡觉了？

两个小姑娘失望极了，只好划着船儿慢慢离开。她们划了不远回头一望，只见那边的海水里又闪烁起了珍珠的亮光。月儿拂开了蒙罩在面孔上的云纱巾，依旧散发出淡淡的月光……

珍珠贝又叫珠母贝，藏在海水清亮、水流不急的浅海里，常常栖息在几米深的水下礁石和海底泥沙上。它和别的贝类不一样，非常娇气，只有在15℃—25℃的海水里才能生存，太冷太热都受不了。

为什么珍珠贝能够生产珍珠？原来它能够分泌一种特殊的蛋白质。如果一不小心，贝壳里落进了一粒沙子或别的什么东西，就能分泌出蛋白质，把它们一层层包裹起来，慢慢越长越大，就变成一颗亮晶晶的珍珠了。

我国早在两千多年前的西汉时期，就在南海边的合浦地区养育珍珠贝了。合浦珍珠非常有名。到了12世纪的宋代，人们还学会了把象牙或木雕小佛像植入珍珠贝中，过了几年后取出来，象牙和佛像表面裹上了一层薄薄的珍珠质，生成了晶莹透亮的象牙和彩珠佛。

火山口里的渔港

船儿驶进火山口，你相信吗？

信不信由你，这可是真的。

这是什么地方？这是北部湾里的涠洲岛。

涠洲岛在北海东南面的海上，每天都有一艘艘游轮带着一船船从四面八方来的游客，到这里来观光。游轮绕过它西边的珊瑚礁海岸，笔直开进南边的港口。

刚到这里来的游客瞧见这个港口，都觉得非常稀奇。

这是一个圆弧形的港湾，几乎像是用圆规画出来的。弯弯的港湾四周耸峙着悬崖绝壁，要不就是耸立在海水里的礁石。只留下南边一个缺口，让来往的船只进出。游客们觉得很奇怪，这是什么地形？

不问不知道，一问吓一跳，想不到这竟是一个火山口！

你不信么？请你仔细看一看港口背后的峭壁吧。只见崖壁上露出一层层很薄很薄的土黄色夹杂着黑色的沙土，还有一些大大小小的乌黑的石块。用鼻子嗅一下，仿佛还散发出一些硫黄气味呢。

这是什么？这就是火山喷出的火山灰和抛掷出来的火山弹呀！

再一看，岛上还盖着厚厚的玄武岩，以及玄武岩风化后生成的肥沃土壤。所有的这一切，岂不可以作为火山活动的证据吗？

哇，提起火山，一些胆小的游客吓坏了。眼看游轮开进了火山口，游客好像自投罗网的扑灯蛾，稀里糊涂扑进了火焰里。万一火山一下子醒过来，就会连人带船飞上天了，哪还有心思玩耍，赶快夹着尾巴逃跑吧。

涠洲岛是广西最大的海岛，由南至北长 6.5 千米，由东至西宽 6 千米，最高点就在海港旁边的峭壁上，海拔 79 米。它在人们的眼里虽然不算太高，在海上望去，却非常显眼，老远就能看见，是北部湾的一个海上地标。

广西北海涠洲岛及火山岩。（黎明/FOTOE）

涠洲岛是一个火山岛。火山口在岛的南边，已经缺了一个宽宽的口子，半沉半浮在海上。圆弧形的破火山口肚皮大、口子小，可以停泊许多船只，能够躲避海上的风浪，是一个天然的良港。由于这个港口位于海岛南边，所以叫做南港。

涠洲岛的位置很好，正好在北部湾东部海心，台风经常活动的地方。不消说，这个小小的海岛就是渔船停泊避风最好的地方，自古以来就是一个有名的渔港。港内樯桅林立，从海上归来的渔船，直接把一篓篓海鲜递送到紧紧挨着码头的农贸市场，真有趣极了。

别小看了这个孤悬海上的小岛，早在汉代就已经开发出来了，经济十分繁荣。由于它距离著名的合浦珍珠产地很近，在海上丝绸之路的锁链中，是一颗重要的棋子。明代著名戏剧家汤显祖曾经游览过这个海岛，非常喜欢这里的风光，留下了"日射涠洲廓，风斜别岛洋"的诗句。现在岛上有2000多户人家，16000多人口，绝大多数都是客家人。岛上的房屋几乎全部就地取材，除了一些木料，还使用了许多珊瑚石和玄武岩块，不管多大的风雨也不会被吹倒。

涠洲岛是南海上一个重要的农垦基地。穿过海边的椰林，走进岛屿内部，只见到处都是香蕉田、甘蔗田。戴着尖尖的笠帽的农民，赶着牛车踯躅在田间小路上，真难以想象自己是处在一个四周波涛围涌的海岛上。

涠洲岛周围还有一片片白沙滩和黑黢黢的珊瑚礁石，风光非常奇特美丽。在这里看火山遗迹，泡海水，拾贝壳和珊瑚石，真是再好也没有了。

海岸卫士红树林

走呀，看红树林去。

红树林，是不是红枫树？准是在高高的山冈上，要穿一双适合登山的旅游鞋才行。

不，不是爬山，而是下海，赶快换一双水靴。要不，干脆打赤脚吧。

啊，越说越奇怪了，看红树林怎么不上山，反而要下海？

告诉你吧，这不是满山红遍的枫叶，而是一种浸泡在海水里的一种奇异树林。

海水里怎么会有树林？准是地壳下沉造成的。

不，这和地壳运动没有关系，别瞎乱猜测了。

海水里的红树林也是红的吗？

不，它没有一丁点红色，而是和一般树木一样，也是绿碧碧的。

走呀，看红树林去。

我们打着赤脚吧嗒吧嗒往前走，踩在湿淋淋的软泥地上，钻进密密的红树林。潮水哗啦哗啦冲上来，拍打在我们的腿上，冲击着面前的红树林，真是别有一番风味。

走呀，看红树林去。

红树林常常成片成片地生长，是潮间带的动植物生活的天堂。

密密的红树林里，有很多折断的树枝和落叶，有机质很丰富，风浪也很小，大鲨鱼钻不进来，是小鱼、小虾、螃蟹和贝类躲藏的好地方，例如招潮蟹、弹涂鱼、虾虎鱼等。有了可口的鱼虾，抓鱼吃的鸟儿也飞来了。有的飞来又飞去，有的干脆在高高的树枝上筑起了窝，把红树林变成了小小的鸟儿天堂。

海南省文昌市八门湾红树林自然保护区。（熊一军 /FOTOE）

　　红树林不是一种树木，而是由品种复杂的乔木和灌木共同组成的特殊树林，生长在潮间带里。由于其中一些树皮下面的木头是红褐色的，所以叫做红树。住在海边的人，把它叫做海树。涨潮的时候，树身浸泡在海水里，只露出一簇簇枝叶茂密的树梢。退潮的时候，湿淋淋的树身才完全露出来，好像是从海水里冒出来的。

　　矮小的老鼠簕就是其中的一种，树身只有两三米高，却向四面八方伸出许多枝杈，托起宽大的绿色树冠，好像一把把撑开的大绿伞，有意泡在海水里。这些老鼠簕树干很细，有的直径只有十多厘米，头顶上的树冠却有十多平方米，真奇怪啊！这样矮小的树身，怎么能够托起一个沉重的大脑袋？潮水退下去才能看清楚。原来它还有上百个粗细不一的支柱根，纵横交错密密地排列着，共同托起庞大的树冠。如果一条大鱼冒里冒失钻进来，就很难钻出去了。当地人把它叫做鸡笼罩，多么像关鸡的竹笼啊。

红树林里也有大树。海莲就是其中的一种，可以长到七八米高。最高的达到 10 米。它们一排排屹立在离岸比较远的地方，即使海水有些深，照样可以生长。

有趣的是，红树林里还有胎生的树木。木榄就是这样的树林。它的果子成熟的时候，种子在母树的果实里萌芽，直到长出了幼苗，才连果子一起掉下来，插进泥地里扎根生长。只消几小时，它就可以生根成长了。如果果子落进海水，还可以随波逐流漂到远处生长。

瞧吧，这种繁殖的办法，岂不是和动物的胎生有些相像吗？

红树林是海岸的卫士，好像一道海上绿色长城，能够阻挡海上的风浪，是海岸的保护神。

知识点

1. 红树林生长在海边潮间带里。
2. 红树林不是一种树木，成分非常复杂，常常成片生长。
3. 红树林不是红的，而是绿的。
4. 木榄可以胎生繁殖。
5. 红树林里有许多小动物。
6. 红树林可以保护海岸。

爬树的鱼

几个孩子在海边玩耍。

一个孩子问小伙伴们："喂，你们见过爬树的鱼吗？"

"哈哈！"第二个孩子笑了，"鱼怎么能爬树？简直是天大的笑话。"

"哈哈！"第三个孩子也笑了，"如果鱼能爬树，岂不是可以缘木求鱼了？"

"哈哈！哈哈！"小伙伴们的肚皮都笑疼了。

第一个孩子一本正经地说："你们不信，就跟我去看吧。"

他带着小伙伴们走呀走，走到一座被海水浸泡的红树林边。这时潮水退了，露出了湿漉漉的淤泥滩，一下子就瞧见了一条全身沾满了稀泥的小鱼，卷起身子用力地在泥地上蹦蹦跳跳。

蹦呀跳，跳呀蹦，一会儿，小鱼就蹦跳到一棵树面前，真的像猴子一样慢慢爬上了树。

小伙伴们惊奇得瞪大了眼睛，怀疑自己是不是看错了。

带他们来的那个孩子说："你们都看见了吧？我可没有骗人。"

小伙伴们七嘴八舌地问他。

有的问："这是什么鱼？"

有的问："它爬上树干什么？"

他回答："这是淤泥滩上的弹涂鱼，爬上树找东西吃呀。"

涨潮的时候，一些东西被冲到树

知识点

1. 生活在红树林里的弹涂鱼会爬树。

2. 弹涂鱼的身体结构能够适应离开水的生活。

3. 弹涂鱼吃水里的植物，也吃一些小动物。

4. 弹涂鱼是从鱼演变为两栖动物的一个例子。

树上的弹涂鱼（韦晔/FOTOE）

上，弹涂鱼爬上树，就能吃一顿美味大餐啦。

弹涂鱼又叫跳跳鱼、泥猴、海兔，从这些名字就可以想到它是什么样子了。

弹涂鱼这个名字，说的是它在海涂上弹跳。海涂，就是潮水可以淹没的海滨泥滩。这个名字不仅说明了它能蹦跳的特点，也点明了它生活的环境，真是再恰当不过了。

为什么它叫跳跳鱼？因为退潮以后，它就在地上跳跳蹦蹦，所以叫这个名字。海兔的名字也是这样来的。人们瞧见它从海水里跳出来，活像一只会跳的小兔子，所以叫海兔。

为什么它又叫泥猴？因为它在湿淋淋的泥地上蹦跳，全身沾满了泥。加上它还会爬树，又鼓着两只骨碌碌转的眼睛，活像一个可爱的小猴子，当然就叫泥猴啰。

弹涂鱼居住在海边的淤泥滩上，挖一个小小的洞，藏在洞里面。潮水刚刚退下去，它就一身湿淋淋地从洞里钻出来，在泥地上乱跳一气，到处找东西吃。只要受到一丁点惊吓，它就立刻钻进洞，或者跳下水。

弹涂鱼吃什么?

它在水里吃一些浮游生物和海藻,在退潮的海滩上抓小螃蟹、沙蚕和陆地上的昆虫吃。水里的浮游生物没有多少,也没有水面上食物的品种多,所以它特别喜欢出水蹦跳,甚至爬上半淹没的红树上面,赢得了"会爬树的鱼"的美名。

勇敢的弹涂鱼钻出水,为了适应陆地环境,不仅要改变许多生活习惯,还要改变自己身体的一些特点。

第一个问题,鱼离开了水,怎么活得下去?

弹涂鱼有办法。它离开水的时候,常常在嘴里含一口水,用来延长在陆地上停留的时间。这个办法真妙呀,活像潜水员随身携带氧气罐一样,用嘴巴里的水帮助呼吸,总能在外面多停留一会儿。

话虽然这样说,嘴巴里的水总是有限的。如果一张嘴巴,水流光了怎么办?

弹涂鱼还有别的办法。原来它的尾鳍和皮肤,加上口腔里的黏膜,还有许多微血管能够辅助呼吸。当觉得呼吸困难的时候,它把尾巴浸进地上的小水潭里,也能呼吸一会儿。虽然它离开了水,冒险在地上跳来跳去,似乎有窒息的危险,可是它使身体随时保持湿润,照样能够维持下去,不会像别的鱼一样,离开了水就马上会死掉。

第二个问题,鱼离开了水,怎么活动呢?

为了适应陆地生活环境,弹涂鱼的胸鳍有发达的肌肉,能够像脚一样爬行。它的腹鳍演化成特殊的吸盘,能够牢牢吸附在树枝上,不会从树上跌下来。

陆地上的情况比海里复杂得多,也危险得多。为了适应这个新环境,弹涂鱼的眼睛长在脑袋顶上,鼓得圆圆的,转动非常灵活,就能看清楚四面八方了。

可别小看了弹涂鱼。它能够勇敢地从水里走进陆地,是由鱼演变到两栖动物的一个活生生的例子。

尖尖的五指山

你喜欢黎族的风情吗？

你喜欢黎家人尖尖的竹笠帽吗？

这样的尖顶竹笠帽可以遮住火辣辣的热带太阳光，也能遮挡雨水，是名副其实的"晴雨帽"。到海南岛去玩，带一顶黎家人的竹笠帽回去，作为旅游的纪念，多好呀！

好吧，送给你一顶最大的尖顶竹笠帽？你能带走吗？别说上不了飞机，就是开一艘航空母舰来，也没法搬走它。

哟，这是什么尖顶竹笠帽？是不是神话里的巨人戴的？

不是的。它根本就不是帽子，是海南岛的脊梁五指山呀！

你看吧，五指山在海南岛中央，高高拱起来，向四周缓缓倾斜下去，岂不像一顶尖尖的大笠帽吗？

五指山主峰海拔 1867 米，比东岳泰山还高大半个脑袋，是海南岛的"屋脊"。来到这里一看，它又不像尖顶竹笠帽了。远远一看，五根石头柱子一样的花岗岩山峰高高竖起，活像张开的五根手指，所以叫做这个名字。

五指山也像一个巨大的尖顶绿帐篷。它的怀抱里，布满了密密的森林，隐藏着许多珍禽异兽，包括坡垒、花梨、红椤等珍贵木材，海南坡鹿、黑冠长臂猿等珍稀动物，是一个天然的热带动植物园。

五指山还是一个

知识点

1. 五指山坐落在海南岛中央，是海南岛的"屋脊"。

2. 五指山形成了一个庞大的放射状水系。

3. 五指山动植物资源丰富，是一个天然的热带动植物园。

河水涌流不尽的源泉。大大小小的河流和山溪水，从这里朝四面八方奔流。有的流进北边的琼州海峡，有的流进东边和南边的南海，有的流进西边的北部湾，形成了一个庞大的放射状水系。这样大的放射状水系，当属全国第一。

五指山这顶尖尖的"竹笠帽"，比什么帽子都大，比什么帽子都重要。

五指山是一个标准的穹隆状山

海南五指山：海南第一高山，也是海南岛的象征，位于海南岛中部，峰峦起伏成锯齿状，形似人的五指，因此得名。（黄一鸣／FOTOE）

地，是大约2亿年前三叠纪期间褶皱隆起的。这样的山地在我国非常罕见。一般的穹隆构造都很小，这样巨大的穹隆状山地就更加稀罕了。

五指山到底有多大？可以说它很大很大，也可以说它没有那么大。

请问，这话是什么意思？

广义的五指山几乎包括大半个海南岛。在海南岛的中南部，几乎所有的山地都和它有关联。狭义的五指山仅仅指岛中央的五指山本身，最多包括附近的黎母岭和鹦哥岭。鹦哥岭海拔1812米，是海南岛的第二高峰。

五指山是万泉河、陵水河和昌化江等河流的分水岭。有一首著名的歌曲唱道："我爱五指山，我爱万泉河……"唱的就是这个地方。

南海"花果山"

南海有一个"花果山"。

哇，花果山，这不是孙悟空的老家吗？难道这是他的故乡么？

不，这不是《西游记》里的花果山，是他的猴子猴孙居住的地方。

啊,花果山,真妙呀！赶快告诉我,这个花果山在哪里？我想去玩一玩。

这个花果山在海南岛的猴岛上。

嗯,懂啦！海南岛是一个岛，猴岛也是一个岛，加起来就是一个群岛。这个小小的猴岛，必定就是大大的海南岛旁边的一个小岛。

错啦！不是什么群岛。猴岛就在海南岛上，不是别的什么岛。

嗯，懂啦！准是海南岛上有一个湖，湖心有一个岛，岛上住满了猴子，所以叫做猴岛。

错啦！猴岛不是什么湖心岛，是一个半岛。

咦，这是怎么一回事？会不会弄错？岛是岛，半岛是半岛，怎么能够混为一谈？如果参加地理课考试，肯定不及格。

唉，和你一下子说不清楚，请你自己去看吧。

听他越说越玄，我赶快赶到那里。不看不知道，一看就明白了，想不到猴岛真的是一个半岛呢。

为什么这个半岛叫做岛？原来这是海南省陵水黎族自治县南边不远的南湾半岛，猴岛位于半岛尖端上。半岛上山丘起伏，长满了热带丛林，从陆地上根本就没法走过去。猴岛三面环海，一面是无法逾

知识点

1. 南湾猴岛在一个半岛上。

2. 南湾猴岛建立了中华猕猴自然保护区。

3. 南湾猴岛的热带动植物资源非常丰富。

海南陵水黎族自治水县南湾猴岛自然保护区。（熊一军/FOTOE）

越的山林，活像一个孤岛似的。"岛"的名字就这样得来了。

这个"岛"上的猴子真多呀！他们成群结队在"岛"上蹦来蹦去，无忧无虑地到处寻开心，真的像《西游记》里的花果山。可惜这里没有齐天大圣孙悟空，不能向他学两招翻筋斗云和七十二变的本领。

南湾猴岛在南湾半岛上。整个半岛长约15千米，宽1千米，地形和植被都非常复杂，森林覆盖率达到95%，从陆地上几乎不能通过。这里是我国唯一的中华猕猴自然保护区，大约有1500多只猴子，分成20多群，各自有自己的猴王和活动范围。

中华猕猴又叫恒河猴，红面孔，蓝眼珠，披着一身棕褐色的毛，喜欢互相追逐，非常机灵。这里气候暖和，森林茂盛，有吃不完的野果子和鲜嫩的树叶，是猴子们生活的乐园。

这里不仅有成群的猴子，还有水鹿、小灵猫、豹猫、水獭、穿山甲等许多珍奇动物，加上密密的热带丛林，还是一个观赏、研究热带生物最好的地方。

南海上的绿色"哨兵"

喂，你可知道，南海上的小岛是什么模样？

是一片片浮在水上的白沙洲吗？

是一块块耸立在波涛中心的乌黑礁石吗？

是的，有些小小的沙洲和礁岛就是这样的。这都是面积不大、生成时间很短的小岛，还没有沾染上生命的痕迹。可是一些生成时间比较长、面积比较大的岛屿，就不是这个样子了。

西沙群岛就是这样的。从海上远远望去，一片白浪花包围住的岛屿，一个个绿碧碧的，活像漂浮在水上的绿色世界。

我们去看看吧。

近了，近了，看得越来越清楚了。隔着起伏动荡的海水，已经可以清清楚楚看见波浪舔着的沙滩了。

啊，那是什么？似乎有些不对劲。

雪白的沙滩后缘染着一片绿，好像铺了一条绿地毯。

白沙滩、绿沙滩，多么奇异，多么好看。

我们跨过一片细软的白沙滩，踏上了后面的"绿地毯"。

绿沙滩紧紧连接着白沙滩，不禁使人惊叹。

几步跨过白沙滩，走到跟前一看，一切都明白了。原来是一片绿色的藤本植物匍匐在沙滩上，遮盖了一大片雪白的沙子，远远看去，就像被染绿了的沙滩。一阵阵波涛扑上沙滩，发出狂暴的怒吼。一阵阵疾速的海风紧紧贴着地皮冲卷，发出呜呜的怪叫。海上的波涛，空中的海风，似乎都对这些绿色的东西不满。竟敢侵犯天然沙滩的领域，是不是打算向大自然挑战？

这是什么植物？

这是稀罕的厚藤。

生长在沙滩上的厚藤，是捍卫生命的海岛尖兵。听着它的名字有些生疏，但说到它的堂兄弟牵牛花，人们就一点也不陌生了。哥俩长得几乎一模一样。牵牛花是什么样子，它就是什么样子。它同样也开放着紫红色的喇叭花。只不过牵牛花顺着竹竿和别的东西往上爬，它却匍匐在地面上。

厚藤生长在贫瘠的沙土地上，是勇敢的固沙尖兵。它默默无闻地在风沙里搏斗，坚强守卫在海岛最前哨，不向惊涛恶浪退让半分。

啊，这才是真正的英雄。勇敢的厚藤，向你敬礼！

几步走过奇异的绿沙滩，钻进一片灌木林，依旧一派鲜绿，洋溢着生命的色彩。

仔细一看，一株株灌木多么有趣。枝顶的叶片竖起来,好像两只羊角。一株株披着绿色袍子的低矮灌木，活像搞笑的马戏团小丑，充满了欢乐的情趣。

这是什么植物？这是同样稀罕的草海桐。

草海桐又叫羊角树，只有一两米高。别看它的个头这样低矮，却也是抵抗风浪的坚强战士。它总是牢牢植根在沙堤上，组成了一圈密不透风的绿色生物墙。热带南海的毒日头多么灼热，海上刮起的风多么猖狂。惹不起烈日和风浪的渔民，常常钻进草海桐灌木丛中间歇一下，躲避风吹日晒，这里是最好的天然庇护所。

草海桐灌木带，是海岛上的第二道防线，紧紧守卫在"绿地毯"的后面。

啊，这也是真正的英雄。坚强的草海桐，向你敬礼！

几步穿过草海桐灌木丛,跨进一个真正的"森林",

知识点

1. 出露海面时间较长的岛上，都有植物生长。

2. 厚藤散布在沙滩上,是固沙植物。

3. 草海桐灌木丛是海岛的第二道生物防护墙。

4. 麻枫桐树是海岛大树。

海南省三沙市西沙群岛石岛上的草海桐。（柳明 /FOTOE）

　　放眼朝四周一看，到处都是大树。我们来到这里，几乎不相信自己的眼睛了。巴掌大的海上孤岛上，怎么会有这样高大密集的林子？

　　仔细一看，它的树身弯弯扭扭的，树干非常粗壮，树枝四向横生，活像一个个久经沧桑的汉子，周身写满了不屈不挠的坎坷奋斗经历。

　　这是什么植物？

　　这是同样稀罕的麻枫桐树。一直走到这里，才算走进了真正的海岛"森

林"。谁说四周波涛汹涌的海岛上没有绿色的生命？这就是最好的证明。

麻枫桐树可不算小，常常有 10 米多高，身子异常粗壮结实，活像绿色的金刚。最粗的直径足足达到半米，世界上任何大力汉子也不能和它相比。

麻枫桐树生长在狂风巨浪、烈日暴雨的特殊环境里，一个个都经历了特殊的考验，几乎遍身都是伤痕。它那弯弯扭扭的身子，虽然没有白桦树皮那样光滑细腻好看，但是蕴含着更深的意义。细细品读麻枫桐树吧，一道疤痕一首歌，岂不就是一页页诉说艰苦岁月的记录吗？

与天抗争，与海抗争，永不低头屈服的麻枫桐树，周身都洋溢着生命。别的树只在树枝上生长树叶，它却从树根到树顶，周身都长满了碧绿的树叶。这是生命的种子在它的身上到处迸发出来的吧？要不，怎么会有这样的奇迹？

麻枫桐树的叶片有些发白，所以又叫白避霜花。为了抵抗狂暴的风雨，它们常常一丛丛紧紧抱成一团，形成一大片"森林"，树丛异常紧密。

麻枫桐树是海鸟栖息的最佳处所。由于它的枝杈很多，又特别结实，海鸟在麻枫桐树丛里筑窝，再好也没有了。

麻枫桐树"森林"带，是海岛上的第三道防线，也是最高大、最坚强的防线，紧紧贴身在草海桐灌木带的后面。

啊，这也是真正的英雄。大无畏的麻枫桐树，向你敬礼！

雪白的"导航鸟"

海上日出了，初升的太阳照亮了大海和海岛。一群群雪白的鸟儿吱吱嘎嘎飞起来，天空中白茫茫一片，遮天蔽日，真壮观极了。

海上日落了，黄昏的霞光染红了海水和小岛。一群群雪白的鸟儿吱吱嘎嘎飞回来，天空中又是白茫茫一片，遮住了慢慢下沉的落日，也是一幅奇观。

这是什么鸟儿呀?

这是珊瑚岛上的白鲣鸟，是这里的老住户，也是渔民的好帮手。

茫茫大海上没有落脚的地方，白鲣鸟就落脚在珊瑚岛上。岛上密密的麻枫桐树林，是最好的做窝的地方。它们衔一些树枝，在树顶上或树下的灌木丛里搭一个窝，马马虎虎找一些草，铺垫在里面，就可以在这里休息、孵蛋，无忧无虑过日子了。反正这里没有凶猛的敌人，连蛇也没有一条。随便怎么做一个窝，只要不被风吹下来就行。

鸟儿就是鸟儿，能给渔民帮什么忙? 难道它们还能像鸬鹚一样，帮助主人抓鱼吗?

不，不用它们直接抓鱼。有经验的渔民只要看见它们，就解决大问题了。

白鲣鸟是捕鱼的好手，张开翅膀整天在天上飞来飞去，跟踪海上的鱼群。躲藏在波涛里的鱼，别想躲过它们的眼睛。哪里有鱼，哪里就有它们的影子。

知识点

1. 鲣鸟几乎全身都是白的，所以又叫"鸟白"。

2. 鲣鸟以珊瑚岛为基地，在海上捕鱼，也为渔民导航。

3. 鲣鸟可以长时间不吃东西。

啊，这岂不是寻找鱼群的活导航吗？水里的鱼儿不容易发现，天上的鸟儿老远就能望见。捕鱼的渔民只要远远看见一群白鲣鸟在空中盘旋，就知道哪儿有鱼群了。依靠这种义务侦察兵，比划

西沙群岛有"鸟岛"之称的东岛，栖息着大量的白鲣鸟。（韩海冰/CFP）

着船在海上盲目乱找，当然方便得多。

白鲣鸟还是海上渔民的好帮手。大海茫茫，很难辨认方向。如果在海上迷路了，只消跟随白鲣鸟往前划，就能划到岛上。人们怀着深深的感激心情，把它称为"导航鸟"。

白鲣鸟不仅是空中的飞行好手，也是潜水的好手。它只要在空中瞄准了一条鱼儿，就能像轰炸机俯冲一样，呼地冲下去，钻进水里抓住想溜掉的鱼儿。有时候渔民一网打下去，还会把它捞起来呢。

鲣鸟是什么样子？猛一看，很像一只鸭子，大小也和鸭子差不多。可是它的翅膀很大很长，能够在天上飞，笨拙的鸭子就别想和它比了。

鲣鸟周身雪白，只是翅膀上有一些黑色的羽毛，南海渔民叫它"鸟白"。我国南海上常见的还有红脚鲣鸟和褐脚鲣鸟，主要栖息在西沙群岛的东岛上，大约有3万多只。西沙群岛的东岛是有名的鸟岛。1981年，东岛建立了白鲣鸟自然保护区。

鲣鸟的飞行本领很强，可以飞很远很远，还能够忍饥耐饿，可以半个月不吃东西，只靠胃里的食物维持生命。如果没有这些本领，它们怎么能够在无边无垠的大海上生存呢？

珊瑚碎片拌鸟粪的土壤

南海珊瑚岛上有土壤吗？

有呀！没有土壤，怎么能够长出植物呢？

随手抓一把看看吧。

抓起第一把，是粗细不一的土粒。

为什么是粗细不一的？因为这里和大陆不一样，没有河水淤积的细细泥沙，也没有厚厚的岩石风化壳。

生成土壤，总要有成土的母质吧。这些远离大陆的小小珊瑚岛上，能有什么可以生成土壤的东西呢？掰着手指数，数来数去也只有破碎的珊瑚和贝壳碎屑，再也没有别的东西了。被波浪击碎的珊瑚和贝壳，只是经受了力的机械作用，不能像大陆土壤那样，还经过长期深入的风化，形成十分细腻的泥土，当然就是大块小块混杂、粗细不一的了。

抓起第二把，一不小心割了手。

这是什么东西？是不是水手抛弃的刀片？

荒凉的珊瑚岛上，哪有那样多的刀片？这是破碎的贝壳，像刀片一样锋利，弄不好就会割破手指流血受伤。

抓起第三把，里面有一根根细细的骨头。

咦，这是什么东西？是不是水手吃剩的鸡骨头？

不，珊瑚岛上哪有那么多鸡？这是鸟儿的破碎肢骨。珊瑚岛是海鸟聚居的地方，拾起一两只死鸟，一点也不稀奇。

抓起第四把，是一团软软的、臭烘烘的东西。

哇，想不到是肮脏的鸟粪，真倒霉！岛上鸟儿多，土壤里当然混杂着许多鸟粪。不看清楚就用手一抓，常常会沾得满手都是鸟粪，使人哭笑不得。

珊瑚岛上的土壤是磷质石灰土。这是一种成土作用非常低的土壤，土层也很薄，常常只有几十厘米厚，一锄头就挖到了底，远远不能和大陆土壤相比。

啊，朋友，请你别小看了它。正是在这种薄薄的土

西沙群岛珊瑚岛风光。（韩海冰/CFP）

壤上生长出茂密的海岛丛林，招引来鸟群筑窝居住，构成了特殊的珊瑚岛的生命天堂。

请你牢牢记住，这种土壤里各种养分含量很高，包括磷、钾、氮和其他微量元素。特别是含磷量丰富，可以直接当磷肥使用，还能消灭害虫和野鼠，作为水产生物的饲料，用途非常广泛。世界上还有别的什么土壤，本身就是矿产吗？

鸟粪就是最好的天然磷矿，是珊瑚岛上最重要的"生物矿产"。我国南海诸岛上的鸟粪磷矿估计有 200 万吨，厚度从几十厘米到 1 米不等。其中，西沙群岛有 100 多万吨，东沙群岛有 50 多万吨，南沙群岛有 30 多万吨，其他小岛也有 10 万吨左右。日本侵占西沙群岛期间，大量掠夺鸟粪资源，总共抢走了 50 多万吨，我们应该好好记住这一笔账。

珊瑚岛上还有一种特殊的外来土壤，需要特别提一下。

土壤是土生土长的，怎么会有外来的？莫不是一个神话故事？

不是的。这是可爱的战士们回家探亲的时候，专门从故乡带回来的土壤。大陆来的土壤，改变了珊瑚岛上的土壤成分，这是战士们的心意，也浸透了祖国母亲慈爱的温情。

南海火山岛

SOS，SOS……

一阵阵紧急求救呼号不停地从空中传来，海上救护站好不容易才捕捉到这个空中信息。接线员不敢怠慢，立即回答："我们收到你的呼救了。请问，你们在什么地方？"

空中传来的声音非常微弱，语句断断续续，似乎距离十分遥远。

呼救者报告："我们在……南……海上……可怕……风暴……"

哎呀！这可不好。准是一艘船在风暴中遇险了，不知道情况究竟怎么样。

中国西沙群岛海滨风光。（刘远 /FOTOE）

接线员继续询问："你们的船况怎么样？"

呼救者报告说："船……沉了……我们……"

糟了！情况更加不好了。这是一个沉船事故，遇难者必定在海上挣扎，随时有生命危险，必须立刻救援。

接线员着急

地问："你们到底在什么地方？距离最近的岛屿多远？"

呼救者回答："我们在……一个岛上……"

听了他的回答，接线员松了一口气，惊奇地问："你们已经上了岛，脚踩着陆地，还有什么好怕的？"

呼救者接下来的回答，叫人大跌眼镜。他上气不接下气地说："这是一个……火山岛……我们正……坐在……火山上呀……"

接线员问："你们怎么知道是火山？"

呼救者回答："我们这……有一个……地理……爱好者……"

接线员听了直挠头，觉得莫名其妙。按照他的报告，这应该是一个活火山。南海上哪有这样的火山岛？莫不是刚刚从海底冒出来的新火山？再不，就是地方弄错了，根本就不是南海海域的火山岛，而是地球上别的什么快要爆发的火山岛。

海上救护站立刻派出一架直升机，通过高科技手段，顺着无线电信号传来的方向寻找，终于发现了呼救者的位置。

噢，原来是西沙群岛的高尖石呀！

直升机落下来，救生员安慰几个吓得浑身颤抖的遇险者："别怕，这不是真正的火山，不会马上爆发。"

其中一个遇险者，就是呼救的地理爱好者。他痴痴地说："我参观过一个地质博物馆，认识这种岩石，就是火山喷发出来的玄武岩呀！"

救生员耐心地跟他解释："这是一个200多万年前喷发的火山，现在早就熄灭了，有什么好怕的？"

噢，原来只不过虚惊一场。

高尖石是西沙群岛的一个小岛，位于东岛西南边大约8海里的地方，是南海上唯一的一座火山岩岛屿。各种成分的暗色火山碎屑岩，构成了这个小岛。整个岛屿长42米，宽28米，好像一座有四级台阶的金字塔。它只在水面露出七八米高的身子，远远望去活像一只帆船，所以又叫双帆。它的喷发时代，距今大约200万年，是一座死火山。高尖石水下平台上，长满了美丽的珊瑚。想不到火山斜坡上，还有这样奇异的海底花园。

哭泣的美人鱼

迷迷茫茫的南海，有许多神秘的传说。可是有什么传说，能比美人鱼更加诱惑人心呢？

古时候，许多在南海远航的船夫都说，看不见的海的远处，有神秘的美人鱼出没。一本本古书里，记载着许多鲛人的故事。

什么是鲛人？就是美人鱼呀！

请看一段描述吧。

东晋张华写的《博物志》里，有一个美丽的鲛人故事。传说有一个鲛人从水里钻出来，住在一个好心人的家里，靠纺织丝绢过日子。离开的时候，她向主人要了一个盘子，低声哭泣起来。说也奇怪，一滴滴眼泪落到盘子里，一下子就变成了亮晶晶的珍珠。把盘子装满了，她才连盘子和珍珠一起还给主人。

噢，这个鲛人的心地多么善良啊。读了这个故事，人们不禁会联想起安徒生童话《海的女儿》中那个同样美丽善良的小小美人鱼。

南朝梁代任昉在《述异记》里，也记载了一段鲛人的故事。传说它们住在深深的海底，日日夜夜不停地纺纱，织出来的纱白得像霜雪一样。据说穿着这种衣服不会沾水，真神奇呀！

猜一猜

1. 这就是传说中的美人鱼。
2. 这是一条特殊的鱼。
3. 这是一种特殊海洋动物。
4. 这就是科幻小说中的"水陆两栖人"。

清代袁枚在《子不语》里也记载了一个有趣的传说。据说从前有一个渔夫，有一天和伙伴们在海边撒网，一网打下去，觉得比平常重

自然界真实的"美人鱼"。（CFP 供稿）

得多。他们使劲拉出来一看，网里压根儿就没有鱼，只有几个小小的人坐在里面，瞧见人就合起手掌作揖行礼。这是什么东西？当地人说："这是海和尚呀。"

鲛人都很美丽吗？也不全是。《山海经·海内南经》里说，遥远的海上，有一个小小的岛国。这里住着鲛人，皮肤黑黢黢的，身子上挂着一片片鱼鳞。这个模样，瞧见准会吓坏人。

大海里到底有没有美人鱼？模样很美，还是丑？这是一个谜。

世界上真有美人鱼吗？

有！不管爱幻想的孩子、海上经验丰富的老水手，还是严肃的科学家，都毫不怀疑茫茫大海深处藏着这种神秘动物。只不过孩子的想法，和科学家有些不一样。孩子们天真地认为那就是安徒生童话里的善良妖精，科学家却认为那是一种实实在在的海洋动物。

美人鱼到底是什么东西？

有人说，那是鲵鱼，就是人们熟悉的娃娃鱼。

一个英国海洋生物学家的脑瓜里，还冒出一个科幻小说式的想法，认为这可能是类人猿的一个变种。因为它长期生活在海里，所以长出了鱼尾巴。

不，它不是鱼，也不是什么"水陆两栖人"。大多数的科学家认为，所谓的美人鱼，其实只不过是儒艮而已。儒艮是海牛科的海洋动物，和别的海洋动物不同，身上有毛，用肺呼吸，会发出说话似的声音，胸口上有两个鼓起的乳房，后面拖着一根粗长的鱼尾巴。

《博物志》说对了，它会流眼泪。《子不语》说对了，它像和尚一样是光脑袋。《山海经》说对了，它一点也不好看，身子非常臃肿，哪像美丽的姑娘？

儒艮习惯了水中生活，它的后肢已经退化了，前肢只能划水，和人类的手脚完全不一样。在皎洁的月光下，它上半身浮在水面上，用前肢轻轻怀抱幼仔喂奶，和慈爱的人类妈妈一模一样。人们远远瞧见它坐在礁石上，或者在起伏不停的波涛里，一隐一现。风声里夹杂着它呼唤的声音，人们就会浮想联翩，产生种种猜想，情不自禁地觉得这是一个鱼变成的美丽姑娘。

知识点

1. 美人鱼就是儒艮。
2. 儒艮的上半身很像一个姑娘，下半身却拖着鱼儿一样的长尾巴。
3. 儒艮有给孩子喂奶的乳房。
4. 儒艮是海洋哺乳动物。
5. 儒艮能够发出声音。
6. 儒艮会流眼泪。
7. 儒艮常常在清晨和傍晚活动，白天藏在水底。

西沙"金字塔"

西沙群岛也有一座"金字塔"。

哇，这是真的吗？金字塔在埃及，怎么这里也有金字塔？

当然是真的。谁不信，请你自己来看看吧。

这是神秘的石岛。

石岛和西沙主岛永兴岛好像孪生姊妹，同在一个珊瑚礁盘上，相距只有 1100 多米，退潮的时候可以步行来往，可是它们却有很大的差别。

我们已经说过了，永兴岛是一个沙岛，好像一个浅浅的碟子，平平地漂浮在海上。石岛却是岩石岛，高高耸峙在波浪中间，露出陡峭的崖壁和平坦的顶部，岂不像巍巍峙立在浪花中的海上金字塔吗？

金字塔不仅仅是埃及那种尖顶的，还有墨西哥那种平顶的。现在我们要说的石岛，就活像那种平顶的金字塔。

石岛不仅是有名的"西沙金字塔"，还是"南海诸岛最高峰"。

它的海拔有 15.9 米，远远胜过旁边的永兴岛，以及南海上别的岛屿。

在生活在陆地上的人们眼中，15.9 米算得了什么？只不过相当于五层高的楼房。别说没法和世界最高峰珠穆朗玛峰相比，随便找一个小小的丘陵，也比它高得多。可是在辽阔的南海上，它就是最高峰了。和那些出没在浪花里的平坦沙洲和礁岛相比，它可是矮子里的高个儿，算得上是"巨人"，在海上老远就能望见它黑乎乎的身影，是西沙群岛的地标。

更加奇特的是，它的地层也

知识点

1. 石岛是平顶的。
2. 石岛是南海诸岛的最高点。
3. 石岛地层上面老、下面新。

海南省三沙市西沙群岛石岛。(柳明/FOTOE)

和别的岛屿不一样。谁都知道，海岛地层是一层层堆积起来的，下面老，上面新。可是它却不一样，而是上面老，下面新。这是什么原因？

石岛啊，石岛，藏着一个又一个谜，等待人们来猜呢。

要想知道石岛的谜，请参加一个讨论会吧。

第一个问题，为什么石岛是平顶？大家一致认为这是波浪冲刷形成的。可是为什么它比今天的海平面高得多，波浪怎么能够冲刷它呢？

有人说，从前它刚好只有海平面高，被海浪冲刷变成平顶以后，由于地壳上升，才慢慢抬高到这个位置。

有人说，它压根就没有上升过，而是远古时期的海平面本来就有这么高，留下了古代海平面位置的证据。

第二个问题，为什么它的岩层上面老，下面新？

有人说，没准是实验室计算出现了错误。

有人说，它的岩层原本也是下面老，上面新。由于风化的结果，上面的岩石变得比较疏松。海水把上面时代新的风化物统统冲带到下面的斜坡上堆积，上面露出比较老的地层，就造成了上面老、下面新的假象。

有人说，别胡思乱想了。其实这很容易解释清楚，就是波浪侵蚀了水下比较老的堆积物，再搬运到上面堆积起来的。如果只测量其中露在海面的上半部分，当然就是这个样子了。

只有一个岛的群岛

我在南海上有一段奇闻。

这件事要从我认识的一个船老大和他的年轻助手说起。我搭着他们的船，在南海上考察。一路上长途漫漫，我们就天南地北聊起天来了。

那个年轻水手好像考问我似的，随口问道："你知道什么是群岛吗？"

我漫不经心地回答："这还不简单么，群岛就是一群岛屿嘛。"

听了我的回答，他微微一笑，说："这话对，也不一定放在哪儿都对。现在我们要去的一个群岛，就只有一个岛。"

我取笑他说："哈哈！你弄错了吧，世界上哪有只有一个岛的群岛？"

他一本正经地说："当然有啰。不信，你就等着看吧。"

"你说什么？是不是骗人？"我压根就不相信他的话。

旁边一声不响的船老大发话了，满面严肃地告诉我："他没有骗你，我们要去的就是只有一个岛的群岛。"

我惊奇得瞪大了眼睛，看看他，又回头看看那个年轻水手，怀疑自己是不是在做梦。过了好半晌，我才嗫嗫嚅嚅地问他们："那是什么地方？"

"中沙群岛的黄岩岛。"船老大紧紧握住舵盘，头也不回地告诉我。

中沙群岛到了。只见汹涌的波涛中露出一个个大大小小的礁块，在海上绕成一圈，形成一个三角形的礁湖。

船老大指着其中一个巨大石柱般的礁块说："瞧，这是南岛。"

年轻水手指着远处另一个礁块说："看，那是北岩。"

黄岩岛在哪里？就是南岛加北岩，以及面前这一大片大大小小的礁块。

它是一个岛，加上许多礁石，说起来也是一个群岛呀。

中沙群岛位于我国南海的中部，西沙群岛东南方大约 100 千米的地

从空中俯览祖国的南海。(余言 /CFP)

方。因为它周围环绕着东沙群岛、西沙群岛和南沙群岛，所以叫做中沙群岛。它北起神狐暗沙，南到波伏暗沙，东至黄岩岛，南北跨纬度 5 度 76 分，东西跨经度 5 度 43 分，面积仅次于南沙群岛。

　　这里散布着一大片还没有露出水面的珊瑚礁滩，其中最大的是椭圆形的中沙大环礁，长 76 海里，宽 33 海里。礁滩边缘排列着许多水下暗礁和暗沙，已经命名的有 20 座。中央的潟湖里长满了珊瑚，栖息着成群结队的热带鱼，好像一个珊瑚大花园。

中沙群岛东部边缘的黄岩岛（又名民主礁），坐落在北纬15度07分，东经117度51分的地方，距离中沙大环礁160海里，是整个群岛中唯一的岛屿，也是我国南海上最东边的海岛。

黄岩岛的基础是屹立在深海平原上的一座巨大的海山。它的顶部露出海面，形成了一个等腰三角形的水下环礁，叫做黄岩环礁。

黄岩岛在哪里？就在这个环礁上呀！

这个环礁的礁盘边缘，散布着一些大大小小的礁块，高高低低露出水面。其中最大的一个礁块，高出水面1.8米，直径达到4米，好像一个巨大的石柱，高高耸立在海上，叫做南岛。另一个叫做北岩，只比南岛矮一丁点儿。二者相距大约10海里。这两个礁块和整个黄岩环礁加在一起，也可以算是一个群岛啦。

你可别小看这些礁块，别以为黄岩岛不是一个真正的岛，也不是真正的群岛。它的地理位置和意义非常重要。

黄岩岛是我国中沙群岛的一部分，位于中国大陆架自然延伸的部位，不是一个游离的海岛。这里是我国东南沿海渔民的传统渔场，自古以来就是中国的领土，其法律地位早已确定。元朝的历史文献就显示出黄岩岛是中国领土的一部分。

中国政府曾经在1935年、1947年和1983年，三次正式公布对它的命名和名称更改。中国对黄岩岛的主权早已得到国际社会普遍承认，任何人都不能歪曲历史事实，损害中国的神圣主权。

中沙大环礁的幻想

南海很深很深，海上的礁岛和沙洲是怎么生成的？

每一个小岛、礁石和沙洲，都是从深深的海底冒出来的吗？如果是这样，水上任何一块很不起眼的礁石，也都是海底一座大山的山尖了。海上有多少礁石，水底就有多少座高高的大山，平平的海水下面不知隐藏了多少山。

真的是这样吗？

不是。事实上南海底部是一个巨大的海盆，地势十分平整，压根就不是山峦起伏的山区。

水下没有一座座大山，怎么能够托起一个个礁岛呢？

其实这个问题很简单。古时候，我国渔民早就认识了南海礁岛的分布规律，发现一个个岛屿、礁石和沙洲都位于一个个巨大的礁盘上，并把这种礁盘叫做"石塘"。一个礁盘能够生成许多礁岛。

南海诸岛最有名的礁盘是中沙大环礁。请别小看了中沙群岛，这里虽然只有一个黄岩岛，却是一个最大的礁盘。

中沙大环礁位于黄岩岛的西边，大约有 76 海里长、33 海里宽，隔着一个巨大的海槽，和西沙群岛遥遥相望。在这个环礁里，接近一些水下沙洲的许多地方，海水只有 10 多米深。礁湖中心的水深也只

知识点

1. 环礁就是水下礁盘，生成在海底高地上。

2. 环礁边缘高，形成许多礁岛。环礁中间浅，形成礁湖。

3. 中沙大环礁是南海诸岛最大的环礁。

4. 浅水环礁可以建造人工岛。

永兴岛是一座由白色珊瑚贝壳沙堆积在礁平台上而形成的珊瑚岛，中沙群岛西距永兴岛约 200 千米。（CFP 供稿）

有几十米。它的外缘却一下子变得很深，它的东南边，笔直下降到 3000 米深的海盆。

这个巨大礁盘的边缘，散布着成串排列的暗沙和礁石，主要有鲁班暗滩、立父暗沙、本固暗沙、西门暗沙、华夏暗沙、排洪滩、波伏暗沙、比微暗沙、隐矶滩、武勇暗沙、乐西暗沙、济猛暗沙、海鸠暗沙、美溪暗沙等，隐藏在水下很浅的地方。如果它们都露出水面，就能生成一个环形排列的小小群岛，该有多好呀！

面对着这个巨大的环礁，有人不禁产生了一个奇妙的幻想，如果把它填塞住，就能形成一个面积广阔的人工岛，不知比永兴岛、太平岛大多少倍，该有多好呀！

礁盘的基础是什么？海洋地质学家揭露了这个秘密。原来广阔的南海海底平原上，也有一些高地。这些高地一般是海底扩张的时候，深大断裂引起地壳深处的基性岩浆喷发，覆盖在第三纪后期形成的一些海岭上面而生成的一个个水下火山。水下的礁盘就生成在这些高地上，礁盘上面再形成岛屿、明暗礁石和沙洲，组成了中沙群岛。

祖国的南沙

天蓝蓝，海蓝蓝。

这里的天和海比别处更蓝、更蓝。

天无边，海无边。

这里的天和海，似乎比别处更加宽阔无边。

天，都是天；海，都是海。为什么这里的天和海特别蓝？

因为这是火辣的太阳眷恋的热带呀。热带天空几乎时时刻刻艳阳高照，天空当然比别处更蓝。阳光普照下的大海，反射出耀眼的光芒，当然也就显得更加湛蓝了。

这里不仅有空空荡荡的天和海，还有星星点点的沙洲和岛礁。它们好像一把亮晶晶的珍珠，被撒在碧蓝的大海上。

请问，这是什么地方？

这是祖国的南沙群岛呀！

南沙，祖国的南沙。你远在南海之外，相隔千重万重烟波，虽然距离大陆遥远，但也在祖国母亲的视线里。你的礁岛和波涛，时时刻刻都沐浴着祖国母亲的温暖。

南沙，祖国的南沙。早在两千多年前，这里就曾经出现过中国的帆影。那是大汉帝国的海上丝路商船，那是三国、南北朝的渔船灯火，那是大宋王朝的海上考察家，那是浩浩荡荡的郑和船队。

南沙，祖国的南沙。你早就曾经向全世界宣告，有了骄傲的中国名字。西汉的涨海，三国东吴的珊瑚洲，宋代的万里石塘。哪一个不庄严宣布，这里是中国的固有领土？

南沙，祖国的南沙。你早就在中国管辖之下，唐德宗贞元年间（公元

南沙群岛美济礁。(曾志/FOTOE)

785 年—805 年),就划入了中国的版图。一直延续了千百年,直到 20 世纪开始,列强争夺土地的时候,也没有谁对中国政府的管辖提出任何意见。根据第二次世界大战期间的《开罗宣言》和《波茨坦公告》,中国在 1946年收复了被日本侵占的南沙群岛,谁也不敢说半个不字。

南沙群岛真大呀!东西宽 400 多海里,南北长 500 多海里,水域总面积达到 82 万平方千米,小面环礁的礁体面积有 3000 平方千米,是我国领海中最大的一个群岛。

南沙群岛的礁岛真多呀!总共有 20 多个岛屿,100 多个明暗礁石,70 多个明暗沙洲。它们星星点点散布在广阔的大海上。

掰着指头数一数,这里主要有太平、南威、中业、西月、南钥、南子、北子、景宏、鸿庥、马欢、费信等十多座露出海面的岛屿，以及安波、杨信等十多座沙洲，还有永暑礁人工岛。最高的鸿庥岛海拔 6 米，陆地总面积大约 2 平方千米，关联着大片海域。一个个岛屿都和祖国母亲心连心，谁也休想让它们分离。

我爱中华，我爱南沙。

我爱南沙，我爱中华。

古时候南沙群岛号称"万里石塘"。什么是"石塘"？就是珊瑚礁盘。海洋地质学家报告，一个个礁盘都发育在古老的岩浆岩和变质岩基础上。根据钻探查明，这些岩石主要是古生代的花岗岩和片麻岩。

整个南沙群岛分为好几个礁岛群。一个个岛屿、礁石和沙洲，都散布在一个个巨大的礁盘上，大大小小，高高低低，合组成一个共同的礁岛群。它们不是一盘散沙，千万别把它们当做是各自孤立的。只有掌握了礁盘分布规律，才能理出头绪，弄清楚它们的脉络。

我们用北部的双子礁盘做例子，说明它们的分布规律吧。

这是南沙群岛最北边的一个大型环形礁盘，外面是上千米深的大海，中间是一圈岛礁围绕的潟湖，只有 30 米—50 米深。包括北子岛、南子岛和一串串礁石和暗沙，都坐落在潟湖周围的礁盘边缘。不消说，中央潟湖风平浪静，是珊瑚丛生、鱼类生存的好地方。

知识点

1. 南沙群岛是南海最大的群岛。
2. 南沙群岛自古以来就是中国的领土。
3. 南沙群岛的礁岛分布在一个个礁盘边缘，中间是浅水的潟湖。

南沙心脏太平岛

这里是北纬 10° 23′，东经 114° 22′。

这里是茫茫南海的心脏。

这里是南沙第一大岛，它的名字叫做太平岛。

从海上远远看去，这是一条鲜绿色的线条，位置很低很低，只比波涛汹涌的海面高一丁点儿。它好像一根拖带着密密树枝、树叶的巨大漂木，动也不动地浮在景色单调的蓝色大海的怀抱里，看起来异常显眼。

从空中看去，它真的像一片象征生命的绿叶呢。周围一圈雪白的珊瑚沙滩，好像一个套在岛身的碧玉环。它们静静地漂浮在汪洋大海中，给人以稳定安全的感觉。

登上岛岸，到处一看，看得更加真切了。蹚水走过一片松软的沙滩，只见迎面耸立着一排高大的树木。它们仿佛用无声的语言告诉来访者："放心吧，你的脚下是坚实的陆地，再也不用担心海上风暴了。"

是呀，南海是热带气旋的故乡，每年不知有多少次强大的台风从这里生成，把大海翻搅得不得平静。从海上风暴里登上这座小岛的人们，都会深深感觉到，这里的的确确太平了。

太平岛的名字是不是这样来的？

不，太平岛名字的由来和一艘值得牢牢记住的中国军舰有关。1946年 12 月 12 日，我国派去接收南沙群岛的太平号军舰官兵，从日本侵略者手里收回了这个岛屿，并且立刻派兵驻守。太平岛这个名字，就是为了纪念太平号军舰，纪念中国人民的胜利，为了宣告中国的神圣主权而取的。

你看，岛上至今还竖立着一块高大的石碑，正面刻写着"南沙群岛太平岛"，两侧分别刻写着"太平舰到此"和"中业舰到此"的字句，反面

中业岛是中国南沙群岛中继太平岛后第二大岛。（RTK/CFP）

刻写着立碑时的中国年号。岛上还有孙中山先生的塑像，以及一个刻写着"南疆锁钥"的白色不锈钢碑。所有的这一切，岂不是庄严向世界宣告，南沙群岛是中国的神圣领土吗？

太平岛到底是什么样子？走一走，看一看吧。

岸边围绕着一圈沙堤，是全岛地形最高的地方。中间地势低洼，整个海岛好像一个平平摊开的一个宽浅盘子。

这个"盘子"是绿的。沙堤上耸立着高大的海岸桐和椰树，栖息了数不清的水鸟。岛上几乎到处都布满了绿色的灌木，还种植了许多番木瓜、波罗蜜、香蕉、海棠。说它是美丽的海上花园，一点也不错。

太平岛还不止有这些呢。它坐落在一个巨大的礁盘上，站在岸边可以远远眺见一幅有声音的画面。那是大海波浪冲击四周礁盘，激发出的雪白浪花和激烈澎湃的哗啦声响。

太平岛又名黄山马峙，东西长约 1350 米，南北宽约 400 米，面积 0.45 平方千米，是一个椭圆形的岛屿。它距离西沙群岛的永兴岛 408 海里，距离海南岛的榆林港 550 海里，位于南沙群岛中央的郑和环礁里，位置十分重要。同一个环礁的南部，还有一座鸿庥岛，是纪念 1946 年到这里执行接收任务的中业号军舰杨鸿庥舰长而命名的。

涨海磁石之谜

一个热线电话，透露了一个天大的秘密。

一天晚上0时17分，我在单位值班时，电话突然响起。我感到有些纳闷，时间这么晚了，还会有谁来电话？我拿起话筒一听，不由得睁大眼睛，从椅子上跳了起来。

电话那端传来一个青年男子声音，兴奋地说："我有重大发现，请赶快转告有关方面。"

我预感到在这个深夜电话背后，必定隐藏着一个惊人的秘密，连忙问他："请问，你发现了什么东西？"

那个男子声音急促地说："铁矿。"

他把这两个字说得很重，好像很有分量。

听他这么说，想必是一个特大矿床。我不敢怠慢，连忙边打开笔记本边紧紧追问："请告诉我，在什么山里？"

想不到他的回答使我吓了一跳。他说："不是山，是在海里。"

啊，这是怎么一回事？铁矿不在山中，而在海里，是不是一个海底铁矿？

他的回答又使我吃了一惊。他说："不是海底，是浮在水面上。"

铁矿不是海藻，怎么可能浮在水面上？我开始有些怀疑了，忍不住问他："你是怎么发现的？"

> ## 知识点
>
> 1. 早在两千多年前，我国就有许多船只在南海上航行。
>
> 2. 由于潮水很高，古时候人们把南海叫做涨海。
>
> 3. 南海上礁石密布，来往船只很容易触礁沉没。

南沙群岛美济礁的珊瑚。（CFP供稿）

他一本正经地说："我在古书上发现的。"

看样子，这人不是开玩笑，就是脑袋有毛病。我不想和他继续纠缠下去，啪地挂掉了电话。

这件事还没有完。当我刚刚放下电话，打算清静一会儿，电话铃声又执拗地响了起来，还是那个激动的男子，他大声责问："我还没有说完，你为什么挂电话？"

折腾了老半天，我才听明白。原来他翻开东汉时期一个名叫杨孚的人

写的《异物志》，其中有一段话说："涨海崎头，水浅多磁石。"

涨海就是南海，崎头是礁石。古人认为船身有许多铁钉，会被带磁力的礁石吸引过去，被撞得船毁人亡，所以就把礁石叫做磁石。

他分析说："古书里的磁石肯定就是磁铁矿。就是它把来往船只吸过去，发生了一次次海难事故。想一想，南海有多少礁石？如果都有磁力，岂不是一个特大的铁矿吗？"

古书里的南海"磁石"真是磁铁矿吗？

不是的，就是普通的礁石。一些明礁和暗礁密布的地方，水势非常复杂，来往船只常常容易触礁沉没。古时候的水手不明白情况，误以为这些礁石具有特殊的磁力。"磁石"在古书里也可能是一种形容词，形容在湍急的水里，遇难船只好像被一股磁力吸引过去似的。

海上礁石有露在水面上的明礁，也有藏在水下的暗礁。一些礁石密布的地方，专门被列为危险区域。

飘飘扬扬的"海雪"

我在南海海底，经历了一场大雪。

这是一段奇特无比的记忆，简直像"天方夜谭"的故事。信不信由你，我在深深的南海海底，亲眼看见了一场大雪纷飞的奇景。

那一天，我乘着一个深海潜水器慢慢沉下海底，透过舷窗欣赏奇异的海底景色。

一开始下沉得还不深，海水在阳光映照下，显示出一派明亮的浅绿色。后来海水渐渐由绿变蓝，色调也越来越深，最后成为一片黑沉沉。随着深度的变化，窗外的景物也不断变化。起初是美丽的珊瑚礁和五光十色的鱼群，后来鱼群种类逐渐变化，数量越来越少，终于进入了一派死气沉沉的海底，瞧着乏味极了。

这里一片黑暗，肉眼再也分辨不出外界的景象了。为了继续观察，我打开了强光探照灯。在强烈的灯光下，面前一下子出现了一幅奇景。只见舷窗外面突然雪花纷飞，活像北方冬天的雪夜。

我惊呆了，怀疑自己是不是看花了眼，便使劲拭了一下眼睛，再仔细一看，没有错，真的是雪花飞扬呢！如果天气预报员看见，准会报告是一场大雪。

海底怎么会下雪呢？我带着这个疑问回去，立刻向有关专家请教。

一位教授说："莫不是一群银鱼吧？探照灯照着银鱼，就像下雪了。"

一位研究员皱着眉头望着我，十分关心地问道："当时你是不是身体

知识点

1. 海底不同深度的海水颜色和亮度不同。

2. 海水深处在强光照射下，可以显现一些奇异的光点，好像下雪似的。

海底珊瑚礁和鱼群。(阿宽/FOTOE)

不舒服？这是神经错乱的表现。"

　　一位博士听了，不由得精神大振，走上前紧紧握住我的手，万分激动地说："啊，朋友，你立了一个大功劳，哥伦布发现美洲也不能和你相比。从前早就流传海底另外有一个世界，有海底人居住。你看见的准是海雪，证明那里另有一番天地，也有晴雨天和下雪天。下一次，我一定和你一起去，找到神秘的海底人，请他们签名留念。"

　　我们都有这样的经验，一股明亮的阳光照射进阴暗的室内，常常看见太阳光束里飘动着许多闪闪发光的粒子。这是一种特殊的光学现象。在黑暗的海底，强烈的探照灯光照射着海水里的一些悬浮物质，也会形成同样的现象。

深海底的"土豆"

潜艇往下沉得深些、再深些，慢慢沉到了海底。在探照灯光的映照下，神秘的海底风光渐渐展开了。这里的海底非常平坦，好像无边无垠的大平原。

瞧呀，暗沉沉的淤泥地上，似乎平铺着许多黑乎乎的东西，很像疙里疙瘩的土豆，又像圆溜溜的鹅卵石。小的只有蚕豆大，大的好像土豆、南瓜。远处隐隐约约还有一个最大的，估计直径有 1 米左右呢。

咦，这可奇怪了。莫非科幻小说里说的是真的，这里是神秘的海底人的田地？要不就是沉没的古代平原，曾经有一条大河流过？

到底是什么东西？需要仔细看看才行。机械手从外面的泥地上采了几块标本送进来，只见这些乌黑的圆坨坨外表并不平滑，没有流水冲磨的痕迹，看来看去也不像真正的鹅卵石。

放在手里掂一下，觉得沉甸甸的，不像普通的石头，是不是一个铁蛋蛋？不，这不是石头，也不是铁，是深海海底的锰结核。

啊，锰结核，里面的成分是不是都是锰？

噢，不，锰结核含有锰、铁、铜、钴、镍等好几十种金属成分，是许多金属元素的混合物，是一种特殊的矿物瘤，属于大洋海底最重要的矿产。

锰结核是怎么生成的？现在还不是很清楚。有人说是纯化学作用，有人说和细菌活动有关系，有人又认为和火山活动有关系。到底是怎么一回事，还没有完全弄清楚。

知识点

1. 海底深海平原上常常有锰结核分布。
2. 锰结核含有多种元素。
3. 南海一些海山上还蕴藏着有罕见的钴结壳。

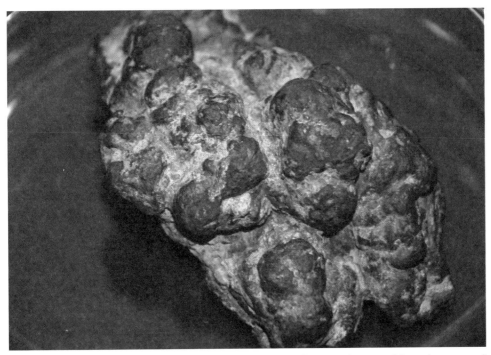

广西北海海洋之窗的锰结核矿石。（杨兴斌/FOTOE）

使用放射性测年的方法测定出，锰结核生长得非常缓慢，每一千年才大约增长 1 毫米左右。算一算，一块土豆大小的锰结核，要多少年才能够长成这样大？锰结核是重要的深海矿产。据估计，全世界的大洋里至少有 3 万亿吨锰结核。如果全部开采出来，需要多少火车皮才能够运完？

我国南海的深海平原上，静静地蕴藏着许多锰结核，尤其是在北部深海平原上，分布得最多。锰结核集中分布在中沙群岛南部深海盆地，以及东沙群岛东南和南部平缓的海底斜坡上，面积达到 3200 平方千米，到处成片密集分布，等待着人们前往开采。

由于深海底部的压力很大，海底开采锰结核非常困难。现在一般使用以下三种办法进行采集：第一种是水力提升的办法，第二种用高压气泵，第三种用绞车滑轮带动一连串翻斗，都可以在海面采集锰结核。怎么样直接在海底开采，还要等待未来时代的科学技术。

除了锰结核，我国海洋科学家还在南海的一些海山上发现了特殊的钴结壳。钴结壳含有丰富的钴、镍、金、铂等元素，也是有价值的海底矿产。

香港的"花岗岩脑袋"

　　人们常常把思想顽固的人，称为"花岗岩脑袋"。为什么这样说？因为花岗岩特别坚固，很不容易被风化。用它来比喻思想顽固的人，再合适不过了。

从太平山鸟瞰香港维多利亚港。（汝百乐 /CFP）

是啊，花岗岩的确非常坚硬。由它形成的山峰，往往都极其峭拔，很难风化剥蚀。

黄山的奇峰异石，华山的悬崖绝壁，都是花岗岩的产物。人们使用花岗岩修造房屋，雕刻纪念碑，也特别坚固，能够保持千百年不会倒塌。于是在人们的观念里，花岗岩就成了"坚硬""坚固""恒久不变"的代名词。"花岗岩脑袋"这个词语也就这样出来了。如果有谁被说成是"花岗岩脑袋"，他准会气得双脚跳起来。

难道这是一成不变的模式，花岗岩真的都是这个样子吗？倒也不是。请到香港去看看吧，那里的花岗岩山丘就是另外一个样子。

太平山就是最好的例子。

这座山海拔552米，是香港岛的最高点。站在维多利亚港湾对面的九龙远望，它只不过是一道起伏和缓的山地，丝毫没有别处花岗岩山地的样子，更没有黄山和华山的雄伟气势。人们乘坐爬山缆车登上山顶，也找不到别处常见的花岗岩怪石。

咦，这是怎么一回事？

人们不禁会问，难道太平山上不是花岗岩？

回答是肯定的。

常言道，江山易改，本性难移。难道这句话错了，花岗岩到了这里，改变了固有的刚强坚韧的个性？

人们猜来猜去，实在想不出是什么道理。

没有错，香港太平山上的岩石确实是真正的花岗岩。问题出在气候环境上，而不是花岗岩身上。

要说清楚这个问题，首先要弄明白花岗岩的内部成分。花岗岩主要由石英、长石、云母组成。

在气候干燥、物理风化盛行的地方，各种矿物紧密结合在一起，坚硬的石英可以抵抗风化，整块岩石有棱有角，轮廓非常清晰。它们一般只沿着破裂的缝隙崩塌，所以形成了陡峭的山峰和崖壁，生成黄山、华山一样壮丽的风景。

在风化作用强烈的湿热地区，情况就不一样了。岩石内部的长石、云母很快就风化为黏土，随着水流冲刷流失。

石英虽然很坚硬，却失去了其他矿物的结合，也无可奈何地被水冲走。这样一来，整块岩石一下子就土崩瓦解了，生成了一层厚厚的风化壳，地形变得缓和，成为香港太平山这样毫不起眼的山头，甚至变成一个个圆浑的小山包。

知识点

1. 花岗岩的内部成分主要是石英、长石、云母。

2. 在干燥气候环境里，花岗岩山地十分陡峭。

3. 在湿润气候环境里，风化作用强烈，花岗岩山地起伏缓和。

跨进大海的脚步

澳门特别行政区的区旗上，有一朵美丽的白莲花。纯洁的白莲花，是澳门的象征。

翻开地图看吧，澳门岂不就像一朵垂挂在细细莲花茎上盛开的莲花吗？

请看，珠江口西边的伶仃洋上，有一条短短的沙堤，紧紧连接着澳门和大陆，澳门岂不就像这幅莲花茎上的莲花图景吗？

整个澳门特别行政区，包括澳门半岛、凼仔岛和路环岛，面积非常狭小，居住十分拥挤。加上城市不断发展，土地资源就越来越紧张了。人口在增加，城市要扩建，经济要发展，怎么办才好？

向高空发展吧。修建起一幢幢高楼大厦，刺破了南国晴空，看起来好不雄伟壮观。可是向空中发展总得有一个极限，总不能让人们住到白云堆里去吧？

立体发展既然有局限，就把目光转向平面方向，能不能扩展新的空间？澳门四面都是大海，就只有向大海索取居住的空间了。

叫海王爷吐出土地，可能吗？

可能！由于这里位于珠江口，珠江水带来大量泥沙，早就把这里淤积成一片浅海。经过实际探测，澳门旁边有大面积浅水淤泥滩，填海造陆不是特别困难的课题。

其实，早在100多年前，澳门

知识点

1. 澳门土地资源缺乏，必须填海造陆。

2. 澳门位于珠江入海口附近，有大量泥沙淤积，十分有利于填海造陆。

3. 澳门已经向大海索取了大面积土地。

澳门大三巴牌坊建筑风光。（吴多多 /CFP）

就开始了零零星星的填海造陆，增添了许多土地。从 20 世纪 60 年代开始，澳门又进行了四次大规模的填海造陆工程，更加扩大了土地面积。到 1994 年为止，澳门半岛的面积已经增加了 9.1 平方千米。请别小看这区区几平方千米，放在大陆上简直不值一提，可是在寸土寸金的澳门，这些面积是以前整个澳门半岛面积的 1.5 倍，多么了不起啊！

澳门半岛填海造陆树立了信心，南边的两个离岛也接着进行填海造陆。氹仔岛原来只有 1.98 平方千米，仅仅相当于 270 多个足球场大，怎么能够应付飞快发展的建设要求？经过填海造陆，氹仔岛到 1994 年已经达到 6.33 平方千米，是原有面积的 3 倍多。最南边的路环岛的面积也大大增加了。澳门国际机场，也是从海水里建造起来的。

谁说只有荷兰人才能填海造陆？咱们中国人也能做到。澳门填海造陆就是最好的例子。

城市建设最需要的是什么？是土地资源和饮用水资源。现代化的大都会市迫切需要更加充分的土地和饮用水。遗憾的是澳门恰恰缺乏这两种自然资源。

饮用水不足，可以由供应。土地不够，就不能由外界支援了。

看一看澳门的土地资源情况吧。澳门半岛加上氹仔岛和路环岛，本来面积就很小，加上地面丘陵起伏，连山顶和山坡上也密密匝匝布满了建筑物。人们居住空间有限，进一步发展经济更加受到限制。怎么办？只有填海造陆。

在这里填海造陆是有条件的。由于澳门两边是珠江的伶仃洋河口和磨刀门河口，珠江水平均每年冲带来 6000 万吨泥沙，生成了大面积的浅滩，大部分海水还不到 3 米深。在澳门半岛周围、氹仔岛北面，以及路氹连贯公路两侧的海水，仅仅只有 1 米多深。退潮的时候，这些地方便会露出大片浅滩，人们可以卷起裤脚走过去。正是由于这个原因，澳门海港淤塞，航运业大大不如近在咫尺的香港。可是根据这个条件，填海造陆也就方便得多了。

鄂新登字 04 号

图书在版编目（ＣＩＰ）数据

中国大自然. 大中南 / 刘兴诗著. —武汉：长江少年儿童出版社，2015.1
（刘兴诗爷爷讲述）
ISBN 978－7－5560－1497－2

Ⅰ.①中…　Ⅱ.①刘…　Ⅲ.①自然地理—中南地区—少儿读物
Ⅳ.①P942－49

中国版本图书馆 CIP 数据核字（2014）第 225860 号

中国大自然·大中南

出 品 人：李　兵
出版发行：长江少年儿童出版社
业务电话：（027）87679174　（027）87679195
网　　址：http://www.cjcpg.com
电子邮件：hbcp@vip.sina.com
承 印 厂：湖北新华印务有限公司
经　　销：新华书店湖北发行所
印　　张：12
印　　次：2015 年 1 月第 1 版，2020 年 7 月第 3 次印刷
规　　格：720 毫米 × 1000 毫米
开　　本：16 开
书　　号：ISBN 978－7－5560－1497－2
定　　价：29.80 元

本书如有印装质量问题　可向承印厂调换